Max Baum

Die künstliche Beschränkung der Kinderzahl

Max Baum

Die künstliche Beschränkung der Kinderzahl

ISBN/EAN: 9783743459427

Hergestellt in Europa, USA, Kanada, Australien, Japan

Cover: Foto ©berggeist007 / pixelio.de

Manufactured and distributed by brebook publishing software
(www.brebook.com)

Max Baum

Die künstliche Beschränkung der Kinderzahl

Die künstliche Beschränkung

der Kinderzahl.

———— ❧❁❧ ————

Ein Mittel zur Verhütung der Conception

(Empfängniss)

von

Dr. med. Max Baum

pract. Arzt in Berlin.

Berlin.

Hermann Schmidt's Verlag.

SW., Plan-Ufer 26.

Einleitung.

Es ist eine merkwürdige Erscheinung, dass trotz aller der ausserordentlich werthvollen Erfindungen und Entdeckungen die Lebenshaltung der Menschen im Grossen und Ganzen keine bessere geworden ist als vor der Zeit dieser Fortschritte: ja, im Gegentheil zeigt sich ein Niedergang der grossen Masse, der im auffälligen Gegensatz zu der verhältnissmässig äusserst geringen Anzahl der Besitzenden steht.

Man hat nach der Ursache dieser merkwürdigen und auch bedenklichen Erscheinung geforscht. Alle möglichen Gründe wurden hervorgesucht: aber bei näherer Betrachtung erwiesen sich dieselben als Scheingründe, die nicht bis auf die eigentliche Ursache zurückgingen.

Der einzig wahre Grund, aus dem sich alle Erscheinungen unserer heutigen Zeit erklären lassen, ist die Thatsache, dass viel mehr Kinder geboren werden, als nützlich, nothwendig und erwünscht sind.

Gar mancher mag schon diesen Gedanken gehabt haben: allein er stand ihm vielleicht nicht klar genug vor Augen, oder er scheute sich, ihn auszusprechen, weil er befürchten musste, in ein Wespennest zu stechen. Ist es nicht Herrn von Egidy, als er seine „ernsten Gedanken" laut werden liess, ebenso gegangen? Auch er sprach nur aus, was ein Jeder, wenn auch dunkel und unbestimmt, schon vorher fühlte, auch er stach, wie die Folge lehrte, in ein Wespennest.

Aber das Gebiet, das die folgenden Blätter erörtern, ist mit einem noch viel geheimnissvolleren Nimbus umgeben, als das der Religion und ihr Verhältniss zur Kirche, das Egidy so freimüthig besprach. Es gehört nicht zum guten Ton, über geschlecht-

1*

liche Dinge öffentlich zu reden, sie zum Gegenstand einer unbefangenen Besprechung zu machen. Nur im Dunkeln darf man
derartige, angeblich „pikante" Dinge kennen. Aber erst die Ver-
drängung dieses natürlichsten aller Verhältnisse von der Oeffent-
lichkeit hat ihm den Reiz der Pikanterie verliehen, den es an sich
durchaus nicht hat. Wir sehen dies an der unbefangenen Er-
örterung dieses Themas bei den alten Völkern und den noch nicht
von der Cultur beleckten Wilden. Je offener daher über geschlechtliche Dinge gesprochen wird, desto eher wird die alte Unbefangen-
heit zurückkehren.

Es ist allerdings nun nöthig, die heutigen Geschlechts-
beziehungen zu erörtern, da sie die Ursache unserer heutigen
sozialen Zustände sind. Aber man braucht dabei durchaus nicht,
wie einer der dasselbe Thema behandelnden Schriftsteller sagt, sich
zu fürchten, Anstoss zu erregen, oder es für bedenklich zu halten,
die Mysterien des Geschlechtsverkehrs öffentlich zu behandeln.
Unter einer nüchternen und offenen Behandlung schwindet jedes
Mysterium.

Allein in einem anderen Sinne wollen wir mit dieser Schrift
„Anstoss" erregen, nämlich in dem, dass dieselbe den Anstoss gebe,
das Volk aus seinem Dämmerleben aufzurütteln, ihm neuen und
frischen Lebensmuth einzugeben und es auf eine höhere Stufe der
Lebensführung zu heben.

Die elende Lage des einzelnen Individuums wie die der
meisten Staaten rührt einzig und allein im Grunde der Dinge von
der Überzahl der Geburten her. Wenn es also möglich wäre,
diese Überzahl auf das richtige Maass zu beschränken, so wäre die
wichtigste soziale Frage gelöst.

Allein, ist das möglich? werden die Meisten sich erstaunt
fragen. Giebt es denn ein, selbstverständlich sittlich und gesetzlich erlaubtes Mittel, um den Kindersegen von Menschenhand ab-
hängig zu machen? Ungläubig wird die Mehrzahl der Menschen
den Kopf schütteln und ergebungsvoll ausrufen: Es lässt sich nun
einmal Nichts in dieser Sache ändern: wir müssen den Kindersegen,
den der Himmel schickt, ertragen und uns in unser Schicksal fügen,
wenn er uns auch noch so unwillkommen ist. Ja, wir müssen sogar nach althergebrachtem Brauche bei der Ankunft eines neuen
Erdenbürgers ein freundliches Gesicht machen, uns gegenseitig beglückwünschen und beglückwünschen lassen.

Wenn ich nun aber behaupte, dass kein Mensch es nötig hat.

den Kindersegen anf sich einstürmen zu lassen, dass er nicht machtlos dagegen ist, sondern es in seiner Hand hat, denselben zu reguliren, wie es ihm passt, so werden gar Viele meiner Leser ein recht verdutztes Gesicht machen und etwas ungläubig mit dem Kopfe schütteln. Aber nur gemach! Ich will es versuchen, Gläubige aus den Ungläubigen, Hoffnungsfreudige aus Verzweifelnden, Lebensfrohe aus denjenigen zu machen, die nur allzusehr düsteren Gedanken nachhängen.

Leider ist die Thatsache wahr, dass nur ein sehr geringer Theil der Menschen etwas davon weiss, dass es möglich ist, die Zahl der Geburten in beliebiger Weise zu beschränken. Zumal die ärmere Bevölkerung ist fast durchweg in Unkenntniss über diesen Gegenstand, und diese Unkenntniss hat dazu geführt, dass leider nicht allzu selten zu einem Mittel gegriffen wird, welches die Gesetze aller Staaten mit strenger Strafe ahnden.

Dieses verbrecherische Mittel, welches im Stande ist, die Geburt eines lebenden Kindes trotz stattgehabter Empfängniss zu verhindern, ist die Abtreibung der noch nicht lebensfähigen Leibesfrucht.

Man bedenke, dass das deutsche Strafgesetzbuch eine Schwangere, welche ihre Frucht vorsätzlich abtreibt oder im Mutterleibe tödtet, mit Zuchthaus bis zu fünf Jahren bestraft; ja, es wird sogar mit Zuchthaus bis zu zehn Jahren bestraft, wer einer Schwangeren, welche ihre Frucht abgetrieben oder getödtet hat, gegen Entgelt die Mittel hierzu verschafft, bei ihr angewendet oder ihr beigebracht hat.

Man bedenke ferner, dass es kein einziges inneres Mittel giebt, welches mit Sicherheit im Stande ist, Abtreibung der Leibesfrucht zu bewirken, dass dagegen schon oft die Mutter der Frucht in schwere Lebensgefahr gebracht, ja sogar getödtet worden ist. dadurch, dass in verbrecherischer Weise die Abtreibung versucht wurde.

Und nun bedenke man dagegen, dass es ein Mittel giebt. welches im Stande ist, die Folgen des Beischlafs auf unschädliche und sowohl gesetzlich wie sittlich erlaubte Weise zu verhindern! Wem dürfte da die Wahl noch schwer werden! Müsste nicht nunmehr, wie mit einem Schlage, das Verbrechen der Abtreibung aus der Welt verschwinden?

Aber das Gute bricht sich, wie stets, nur schwer Bahn. Lange

wird es noch dauern, bevor alle Menschen von den Segnungen des
unschädlichen Mittels in Kenntniss gesetzt sind: lange wird es noch
dauern, bevor es möglich ist, die Gesetzesparagraphen, welche von
dem Verbrechen der Abtreibung handeln, zu streichen, weil keine
derartigen Vergehungen gegen das Gesetz mehr vorkommen.

Man schuldigt öfters die Ärzte an, dass sie zu wenig für die
Bekanntmachung des in Rede stehenden Mittels sorgen. Allein
selbst unter den Ärzten ist dieses Mittel noch recht wenig bekannt,
weil die wissenschaftlichen Fachblätter fast gar nicht dieses Thema
berühren. Und diejenigen von den Ärzten, die das Mittel und
seine segensreichen Folgen kennen, vermeiden es oft genug, mit
ihren Patienten darüber zu sprechen, weil sie sich nicht dazu berufen glauben, in dieser Hinsicht ebenfalls wirken zu müssen.
Allerdings haben sie in sofern Recht, als oft genug nicht der Arzt,
sondern der wohlmeinende Menschenfreund es ist, welcher hier eingreifen muss. Denn hier ist der Punkt, wo Arzt und Mensch
sich berühren, wo es sich um ein Kapitel aus dem sozialen
Leben handelt. —

Ich habe vorhin erwähnt, dass das Mittel zur Verhütung der
Empfängniss unschädlich, gesetzlich und sittlich erlaubt ist. Dass
das Mittel unschädlich ist, wird aus der näheren Betrachtung desselben hervorgehen, dass es in allen Staaten gesetzlich erlaubt
ist, ist eine Thatsache, und dass es ein sittlich erlaubtes Mittel
ist, will ich jetzt zu beweisen versuchen.

Wir haben ein Mittel, um die Empfängniss zu verhindern,
d. h. zu verhindern, dass der Same des Mannes zu dem Ei des
Weibes gelangt und sich zu einer Frucht umgestaltet. Es geht
also in diesem Falle der Same des Mannes fruchtlos verloren.

Der Same des Mannes geht aber öfters fruchtlos verloren,
nicht allein in den nächtlichen Samenergiessungen, sondern auch
beim Beischlaf, wenn dieser, wie so häufig, erfolglos geblieben ist.
Aehnlich verhält es sich beim Weibe, dasselbe verliert bei jeder
Menstruation ein befruchtungsfähiges Ei, das ebenfalls ohne Weiteres
zu Grunde geht, wenn es nicht von dem Samen eines Mannes be-
fruchtet wird. Niemand wird in diesem fruchtlosen Verlorengehen
des Samens, resp. der Eier etwas Unsittliches erblicken.

Jedoch könnte man einwenden, in diesem Falle geht der
Same absichtlich verloren, der Beischlaf wird mit der Absicht
ausgeübt, den Samen unbenutzt verloren gehen zu lassen und die
Befruchtung zu verhindern. Aber auch darin kann der unbe-

fangene Mensch nichts Unsittliches erblicken: denn der Beischlat ist zwar das Mittel, um Kinder zu erzeugen, aber das ist nicht sein einziger Zweck. Sonst dürfte ja derselbe nur vollzogen werden mit der bestimmten Absicht, Kinder zu erzeugen. Das aber wird der strengste Moralist zugeben, dass der Beischlaf oft genug ohne diese Absicht vollzogen wird und trotzdem nicht unsittlich genannt werden kann.

Ein siebzigjähriger Religionsdiener hat über die sittliche Seite dieser Frage folgendes Urtheil erstattet.*)

„Es sind Bedenken ethischer Natur erhoben worden. Eben dieser Natur wegen dürfen sie nicht übersehen, nicht leichthin abgeurtheilt werden. Befremdend sind sie nicht. Denn in Abstracto haben sie einige Berechtigung, aber nicht immer darf man von dem Abstracten auf das Concrete schliessen. In den vorgeführten Fällen, die gewiss tausende Male sich wiederholen, ist es Pflicht des Haus- oder Vertrauensarztes, die Eheleute aufs Ernsteste vor neuer Schwangerschaft zu warnen und ihnen auf ihren Wunsch ein womöglich sicheres und nicht unsittliches Mittel an die Hand zu geben. Vor der Hand liegt die Abstinenz (Enthaltsamkeit vom Beischlaf), sei es gänzliche oder beschränkte. Allein, auch davon abgesehen, dass erstere erfahrungsgemäss bei den Menschen nicht inne gehalten, letztgenannte auch unsicher ist, so führt uns gerade diese leicht zu unsittlichen Folgen verschiedener Art. Diesen aber beugt gerade das vorgeschlagene Mittel vor. Dass es ein mechanisches ist, darum ist es nicht unsittlich. Wie oft muss in Frauenkrankheiten zu mechanischen Mitteln gegriffen werden!

Der fruchtlose Beischlaf an sich ist gewiss nicht unsittlich, kein Moralist verbietet denselben während der Schwangerschaft. Ob absichtliche Unfruchtbarkeit unsittlich sei, hängt, wie bei allen an und für sich nicht unerlaubten Handlungen, vom Zweck derselben ab. Sollte Jemand hierzu auch biblischer Autorität bedürfen, so lese er aufmerksam die Stelle Genesis 38. V. 8—10.

Alles hängt von dem subjektiven sittlichen Gefühl der betreffenden Eheleute ab. Widerstrebt das Mittel ihnen beiden, so mögen sie sich vorläufig von der Anwendung desselben fern halten. Hat aber die eine der Ehehälften kein Bedenken, oder werden dieselben überwogen von der Furcht vor Schwangerschaft, so handelt die andere richtig, wenn sie der ersteren zu Gefallen ihre Ab-

---

*)Hasse: Über falcultative Sterilität. I. Theil S. 66.

neigung überwindet und nachgiebt; ich möchte sagen: es ist pflicht-
gemäss, es gehört zu der „schuldigen Freundschaft" (1. Cor. 7
V. 3). Und es hängt zu viel, gar zu viel von ihrem Lebensglück
und von dem der Ihrigen davon ab. Ob es dem Arzt zuzumuthen
ist, dass er suche, ihre Bedenklichkeit zu beseitigen, ist eine eigene
Frage. Jedenfalls kann und darf er das nur, wenn er den Charakter
eines Seelsorgers mit dem seines Berufes in sich und an sich trägt;
wenn er nicht allein ein verheiratheter, sondern auch ein geprüfter,
ehrwürdiger Mann ist, der den heiligen Ernst seines Berufes auch
in seinem Aeussern repräsentirt, dann wird er auch den geeigneten
Ton, die passenden Worte wohl finden.

Die Veröffentlichung durch die medizinische Presse ist so
weit davon entfernt, unsittlich zu sein, dass der Autor im Gegentheil sich versündigen würde gegen die Menschheit, gegen die
Pflichten seines Berufes, wenn er sie zurückhielte. Vor möglichen
Unannehmlichkeiten darf er nicht zurückschrecken. Dafür steht
der Beruf des Arztes zu hoch. Wer dafür keine sittliche Kraft
in sich fühlt, der hätte niemals Arzt werden sollen!"

Ein anderer hochbejahrter Pfarrer spricht sich über die
sittliche Frage, folgendermaassen aus:

„Das hauptsächlichste, meistens einzige Bedenken gegen die
herbeizuführende Unfruchtbarkeit im Allgemeinen ist dieses, dass
das Verfahren eingreife in die von Gott gewollte Ordnung. Gott
hat es so angeordnet, dass in der Regel die unvermeidliche Folge
der ehelichen Beiwohnung die Befruchtung, die Fortpflanzung des
Geschlechts sei. Die biblische Form dieses Satzes findet sich
1 Mose V. 37 und 28 (nach Luthers Übersetzung): „Gott schuf
den Menschen, ein Männlein und ein Fräulein. Und Gott segnete
sie und sprach zu ihnen: Seid fruchtbar und mehret Euch und
füllet die Erde".

„In der That ist der Kindersegen das Glück der Ehe, Kinder-
losigkeit ein Unglück, das der Hebräer als einen Fluch betrachtet
allerdings ist es hier nur in dem allgemeinen Sinne in Beziehung
zu der Erhaltung und Fortpflanzung des menschlichen Geschlechts
gemeint. Aber noch viel mehr ist es Segen in Beziehung auf die
einzelnen Personen resp. Ehepaare. Die Vaterschaft und Mutter-
schaft, das Glück, Kinder zu besitzen, ist nach der ehelichen Liebe
das grösste Glück, welches das Leben bietet".

„Aber in denjenigen Fällen, wo der Arzt die Verhütung der
Empfängniss empfiehlt, wird die Fruchtbarkeit das Gegentheil

— 9 —

von dem, was sie nach Gottes wohlwollender Absicht sein soll,
sie ist dann kein Segen mehr, sondern ein Unglück. Gerade
das tiefe Gefühl der Verehrung gegen Gott und seinen
Willen gebietet, das Unglück abzuwenden".

„Noch mehr. — Die Behauptung, es sei Pflicht, diesem Natur-
gesetz, dessen Ursprung die Religion und die Bibel dem hohen
Schöpfer zuschreiben, blindlings seinen Lauf zu lassen, auch da
wo es Menschenglück verwüstet, es sei Gottes Wille, dass das
Leben der Frau, das Glück des Gatten, der unschuldigen Kinder,
der Familie diesem Gesetze zum Opfer gebracht werden sollen,
solche Behauptung ist geradezu eine Gotteslästerung,
sie ist eine tief unwürdige und entwürdigende Vorstellung Gottes".

„Im Evangelium wird eine sehr eigenthümliche Stellung zu
diesem Gegenstande eingenommen durch den Apostel Paulus, in
seinem ersten Brief an die Corinther Cap. 7 V. 3 (nach Luthers
Übersetzung): „Der Mann leiste dem Weibe die schuldige Freundschaft, desselbigen gleichen das Weib dem Mann".

„Hätte Paulus die obengenannte Meinung über den göttlichen
Segen der Ehe getheilt, so hätte er dieselbe seiner Ermahnung
an die Eheleute in erster Reihe zu Grunde legen müssen: durch
Enthaltung werde jener Segen vereitelt. Er lässt diesen aber bei
Seite: der nächste Zweck resp. die nächste Pflicht der Ehe
ist ihm die Befriedigung des Bedürfnisses, der Genuss
der Liebe. Jede verheirathete Person hat ein Recht darauf
die eine Hälfte ist es der anderen schuldig".

„Sein Standpunkt, der eigentliche Grund seiner Vorschrift,
ist indessen nicht bloss dieser niedere, bloss sinnliche, sondern ein
praktisch-sittlicher: die Folge der „Enthaltung" wird in der Rege
sein, dass der Ehemann ausserhalb des Hauses Befriedigung sucht".

„Das vom Apostel Paulus gegebene Beispiel einer vernünftigen und billigen Beurtheilung ist von grossen Kirchenlehrern
befolgt. So von Kardinal Joh. Bonaventura, dessen akademischer
Name „doctor seraphicus" nicht weniger als seine Heiligsprechung
genügend das Ansehen bekunden, in welchem er stand und noch
steht. Derselbe sagt im zweiten Kapitel seines Confessionale
in beinahe wörtlicher Übereinstimmung mit seinem grossen Lehrer
Alexander ab Hales, dass es drei verschiedene, von einander
unabhängige, unsündliche Beweggründe der ehelichen Beiwohnung
giebt: Der eine zur Erzeugung von Kindern, der zweite als
schuldige Freundschaft, der dritte um Hurerei zu vermeiden".

Ein hoher Geistlicher in Frankreich, wo bekanntlich die
Beschränkung der Kinderzahl am allermeisten durchgeführt ist,
äussert sich über diese Sitte: „Nicht die Sünde ist es, nur die
Verhältnisse haben sich geändert. Dieser Gebrauch gewinnt heut
nach einem halben Jahrhundert durch die Gewalt der Thatsachen
Verbreitung. Wie die Vorsehung keine Thiere schafft, da wo sie
nicht leben können, so kann sie vom vernünftigen Menschen
nicht verlangen, dass er auch da freiwillig sich vermehre,
wo er die genügenden Existenzbedingungen nicht mehr
findet. — Menschliche Berechnung! Geldfragen! wird man mir
entgegnen, aber doch können wir ihnen nicht ausweichen. Gläubige
Länder — es ist wahr — rechnen nicht so, und so lange Ge-
horsam möglich bleibt, werden sie ohne Murren dem Gebote des
Priesters gehorchen. Aber es kommt ein Tag, wo diese Vorschrift auch von ihnen nicht mehr befolgt werden kann, und
deshalb bitten wir dringend, dass man sie ändere. Andere
Zeiten, andere Sitten. Die Gesetze müssen sich den
Sitten anpassen."

Also auch ein katholischer Priester kommt zu der Überzeugung, dass die Anwendung von Vorsichtsmassregeln bei ge-
schlechtlichem Verkehr der Moral nicht widerstreite!

Vornehmlich soll ja das Mittel da angewendet werden, wo
der Arzt fernere Schwangerschaft verbietet, erst in zweiter Linie
sollen sociale Rücksichten obwalten. In beiden Fällen wird jeder
Einsichtvolle die Berechtigung seiner Anwendung voll und ganz
anerkennen.

Der Arzt, welchem es erlaubt ist, das Leben der Frucht im
Mutterleibe zu töten, um das bedrohte Leben der Mutter zu
erhalten, muss auch die Machtbefugniss haben, zu verhüten, dass
eine Empfängniss stattfindet, wo Schaden für Leben und Gesundheit
entstehen kann. Ist es nicht viel tausendmal schöner, Krankheiten
zu verhüten als sie zu heilen?

Allerdings wird es nicht möglich sein, die Anwendung des
Mittels auch da zu verhindern, wo kein Grund dazu vorliegt.
Aber darf dies ein Vorwand sein, das Mittel ganz zu verwerfen?
Ist es nicht besser, dass ein Kind, welches nicht gewünscht wird,
gar nicht erst entstehe? Ja, wenn wir den Dichtern und Philosophen
folgen wollen, so ist es überhaupt besser, nicht geboren zu sein.
So singt der altgriechische Dichter Sophokles in seinem Oedipus
auf Kolonos:

Nie geboren zu sein, ist der
Wünsche grösster; und wenn Du lebst,
Ist das andere. schnell dahin
Wieder zu gehen, woher Du kamest.
Denn so lange die Jugend blüht,
Leichten, thörichten Sinnes voll.
Wer lebt ohne Bekümmerniss?
Wo blieb eine Beschwerd' ihm fern?
Mord, Hader, Aufruhr, Kriegeskampf,
Neid und Hass, am düstern Ende
Naht sich. verachtet,
Oede, kraftlos, aller Freunde
Leer, das Alter, dem sich jedes
Wehe des Wchs gesellt hat.

Wir werden uns nun damit zu beschäftigen haben, zu untersuchen, in welchen Zuständen wir jetzt leben und wie dieselben
sich gestalten werden, wenn die allgemeinere Verbreitung des
Mittels zur Verhütung der Empfängniss Platz gegriffen haben wird.
Die Tragweite einer solchen Verbreitung darf man nicht
unterschätzen. Sie erstreckt sich nicht bloss auf das Individuum,
sondern auch auf den Staat: sie begreift nicht nur das gebärende
Weib in sich, sondern auch den Mann und die Kinder. Kurz, sie
greift in alle Verhältnisse des menschlichen Lebens hinein und
schafft Segen, nichts als Segen.

Wer die wahrhaft rührenden und ergreifenden Fälle gelesen
hat, welche Dr. Mensinga in seinen Schriften über diesen Gegenstand veröffentlicht hat, der wird begreifen, dass es sich hier um
nichts Geringes, Unbedeutendes handelt, das vielleicht nur einen
kleinen Theil der Menschheit angeht, sondern um einen Punkt,
der alle Menschen in gleicher Weise interessiren muss und der
voraussichtlich berufen ist, in sozialer Hinsicht noch eine grosse
Rolle zu spielen.

Die Menschheit muss zu der Einsicht kommen, dass die
Kindererzeugung nicht dem Zufall überlassen bleiben darf, sondern
in hohem Grade der vernünftigen Überlegung bedarf. Sehr
richtig sagt Malthusius: Um lebende Wesen in die Welt zu
setzen, braucht es keine Vernunft; das sieht man an den Thieren.
Sie vermehren sich rasend. Wenn die Menschen es aber den
Thieren nachmachen — und leider Gottes scheint es so —, wenn
sie nur ihren Gefühlen folgen und nicht auch ein bischen die Ver-

nunft zu Rathe ziehen, so handeln sie einfach thierisch, und sie
sollen sich nicht wundern, wenn sie wie die Thiere leben und
sterben müssen. Natürlich, wenn es dann schlecht geht, dann ist
in ihren Augen der liebe Gott daran Schuld. Trotzdem kann der
Haussegen und der Pfarrer und die Leute mit ihrem „Wo Kinder,
da Segen" vollständig Recht haben. Nur sollten nicht mehr
Kinder sein, als die Familie mit dem Aufwand ihrer ganzen Kraft
zu ernähren und durchzubringen im Stande ist. denn sonst muss
einem doch der Verstand sagen, dass sich der Segen in Unsegen
verwandeln muss. Wie gut geht es Manchem, der mit zwei
Kindern lebt! Aber er wünscht sich mehr, er liebt die Kinder so
sehr! Allein der Mensch darf sich eben nicht Alles gestatten, wonach er Verlangen trägt, er muss sich auch einen Wunsch ver-
sagen können. Und wer auch seine Frau ein bischen gern hat,
sollte ihr nicht zu oft die lange Leidenszeit bereiten. — Aber die
Männer denken ja nur an sich, sie bezeugen der Frau ihre Liebe,
indem sie ihr Schmerz auf Schmerz bereiten. Es ist ein Verbrechen, ein gottloses Verbrechen, eine schwache Frau derart zu
quälen! Es kann kein gottgefälliges Werk sein, neue Menschen
in dem Augenblicke hervorzurufen, wo schon die Mittel fehlen,
die lebenden Wesen, für deren Dasein der Vater verantwortlich
ist, zu ernähren! Kinder zu erzeugen, nur um sich einen Augenblick
des Rausches, des Vergessens zu verschaffen, — das ist das Furchtbarste, was ein Mann begehen kann. Natürlich „denkt" er sich
Nichts dabei. Wer wird auch viel dabei denken! Ein neues
Wesen in dieses Leben, dieses schwere Leben hineinzusetzen, —
das ist ja eine Kleinigkeit, ein Kinderspiel, des Nachdenkens nicht
werth! Ja, wenn es gilt, ein Paar Stiefel zu besohlen oder gar
ein Paar neue Stiefel anzufertigen, dann muss der Meister hin
und her überlegen, ehe er die Arbeit vollbringt. Aber ein Kind,
das kommt eben, ohne dass man davon spricht, das ist das Werk
einer Sekunde, wo man die Vernunft zum Teufel schickt. gerade
dann, wenn man sie am nöthigsten bei sich behalten sollte. Aber
dazu hat Gott dem Menschen eben nicht die Vernunft verliehen,
dass er sie bei der folgenschwersten Handlung, die es im ehelichen Leben giebt, bei Seite lasse. Das geht Keinem ungestraft
dahin. Denn wenn sonst überall sich die Folgen einer unbedachten
Handlungsweise noch mildern lassen, — hier ist niemals mehr etwas
zu ändern, niemals .... das muss bis zu Ende durchgekostet
werden!

II

Die Schädlichkeit allzuhäufiger Empfängniss für die Mutter.

Gar lieblich ist die sorgende Mutter umgeben von blühender, nolder Kinderschaar anzuschauen und mit Recht besingen die Dichter mit Vorliebe dieses reizende Bild. Allein die Dichter malen uns in der Regel nur das Glück und die Freude aus; sie wollen erheitern und freudig stimmen; die Kehrseite überlassen sie der Wirklichkeit.

Und wie ist diese Wirklichkeit beschaffen? Wie sieht eine Mutter aus, nachdem sie eine grössere Anzahl Kinder in die Welt gesetzt hat? In der Regel werden wir eine stark mitgenommene, magere, schwache und stets kränkelnde Person finden, die auf ihren Kindersegen durchaus nicht mit Freude herabblickt.

Man bedenke, wie geplagt eine Mutter ist. Neun Monate lang trägt sie die Frucht unter dem Herzen, den mannigfachsten Beschwerden der Schwangerschaft ausgesetzt. Wohl jede Frau hat unter derartigen Beschwerden zu leiden; ja dieselben sind zum Theil so charakteristisch, dass zuweilen eine Schwangerschaft erst aus dem Überhandnehmen dieser Beschwerden erkannt wird.

Schon das Wachsthum der Frucht in der Gebärmutter veranlasst mancherlei Störungen. Es werden die in der Nachbarschaft befindlichen Organe, zumal der Mastdarm und die Harnblase gedrückt, sodass einerseits Verstopfung, andererseits vermehrter Harndrang entsteht. Aber auch die Brustorgane werden in Mitleidenschaft gezogen. Das Zwerchfell wird in die Höhe gedrängt, Herz, Lungen Leber und Milz werden gedrückt. Auch die im Becken verlaufenden Nerven erleiden häufig von der vergrösserten Gebärmutter einen Druck, sodass heftige Nervenschmerzen in der Kreuzbeingegend und in den Beinen entstehen können.

Auch die Blutgefässe werden gedrückt, wodurch dann Blutstauungen entstehen, die leider nur zu oft die bekannten Krampfadern an den Beinen zur Folge haben. Krampfadern kommen viel häufiger bei Frauen als bei Männern vor; sie lassen sich fast stets auf vielfache Schwangerschaften zurückführen und geben leicht zu langdauernden Geschwüren Anlass.

In der Schwangerschaft fehlen auch beinahe niemals Störungen der Verdauung, wie Übelkeit und Erbrechen; letzteres kann eine lebensgefährliche Beschaffenheit annehmen, wenn alles Genossene wieder erbrochen wird.?

Wenn auch die Schwangerschaft an und für sich kein krankhafter Vorgang ist, so treten doch leicht im Verlauf derselben Zustände ein, welche das Leben der Schwangeren in hohem Masse bedrohen.

Im Grunde leidet jede Schwangere an einer schlechten Blutbeschaffenheit. Letztere kann sich jedoch in dem Maasse steigern, dass dieselbe mit der Fortdauer des Lebens unvereinbar ist. Auch Nierenentzündung kann sich zur Schwangerschaft hinzugesellen und zu schwerer Erkrankung Veranlassung geben.

Natürlich kann eine Schwangere auch von allen anderen Krankheiten befallen werden. Es ist selbstverständlich, dass eine Schwangere keine so grosse Widerstandsfähigkeit krankmachenden Einflüssen entgegensetzen kann als eine Frau im nicht schwangeren Zustande und dass es nicht ausgeschlossen ist, dass manche Krankheiten einen unvorhergesehenen, unglücklichen Ausgang nehmen. Nicht selten kommt es auch im Verlaufe der Krankheiten zu einer vorzeitigen Ausstossung der Leibesfrucht aus dem Mutterleibe, was an und für sich wiederum einen lebensgefährlichen Zustand bildet.

So sehen wir, dass der Zustand der Schwangerschaft durchaus keine Annehmlichkeit für die Mutter bildet, sondern im Gegentheil die Quelle vieler Gefahren und Lebensbedrohungen sein kann. Je häufiger sich die Schwangerschaften wiederholen, je schneller sie auf einander folgen, desto höher wächst die Gefahr für die Mutter. Denn der schwächende Einfluss häufiger Schwangerschaften ist unverkennbar, und die Mutter ist nicht einmal im Stande, sich Schonung aufzuerlegen, wie sie es bei dem ersten, vielleicht auch noch beim zweiten Mal gekonnt hat. Jetzt muss sie für ihre Kinder arbeiten, sie muss sich allen Unbilden des Lebens aussetzen, ohne auf ihren geschwächten Körper irgendwelche Rücksicht nehmen zu können.

Aber die Gefahr der Schwangerschaft wird noch überboten durch die Gefahr der Geburtsstunde. Schon der normalen Entbindung sieht gar manche Mutter mit Angst und Schrecken entgegen. Sie gedenkt der Qualen, die sie bei den früheren Entbindungen erdulden musste. sie gedenkt auch der Sorgen. die die bevorstehende Vergrösserung ihrer Familie ihr bringen wird.

Wenn aber, wie so häufig, die Entbindung keine normale ist, wenn nach stundenlangem Zögern der Arzt geholt werden muss, um Kunsthülfe zu leisten, dann steigt auch die Gefahr für die Gebärende. Nicht als ob der hinzukommende Arzt die Gefahr schüfe, nein, die Gefahr liegt in dem fehlerhaften Geburtsvorgange, den der Arzt leider nicht immer zu beseitigen vermag, ohne die Mutter zu schädigen. Die Gefahr liegt auch in der so häufigen Verzögerung im Herbeiholen der ärztlichen Hülfe.

Manchen Frauen ist schon der Anblick des Arztes unerträglich, wenn er sich anschickt, das Kind mittelst seiner Zange oder mittelst der sogenannten Wendung des Kindes an's Licht der Welt zu befördern; wahrhaft grauenerregend ist es aber, wenn der Arzt, um die Mutter zu retten, das Kind im Mutterleibe tödten und zerstückeln muss, um nur die Frucht herausholen zu können. Ja, es giebt sogar Fälle, in denen die Geburtswege der Frau so eng sind, dass das Kind nicht einmal durch Zerstückelung entfernt werden kann, sodass dann zur Eröffnung des Leibes und der Gebärmutter, zu dem sogenannten Kaiserschnitt gegriffen werden muss, um das Kind zu entfernen und die Mutter zu retten. Allein oft genug unterliegt die Mutter diesem schweren Eingriffe und haucht ihr mühevolles Leben unter den Händen des Arztes aus. Ich will mit dieser Schilderung Niemanden davor zurückschrecken, sich in derartigen schweren Fällen der Hülfe eines Arztes zu bedienen. Im Gegentheil würde ohne ärztliche Hülfe gar manche Frau dem Tode verfallen sein. die jetzt durch Kunsthülfe dem Leben erhalten bleibt. Daher ist es auch eine unerhörte Grausamkeit, wenn Ehemänner. sei es aus Dummheit, sei es aus anderen, vielleicht kaum ausdrückbaren Gründen, die ärztliche Kunsthülfe abschlagen und ihre Frauen unter den entsetzlichsten Qualen sterben lassen. Leider besteht kein Gesetz, wonach der Arzt die lebensrettende Operation erzwingen kann; er darf ohne Erlaubniss des Mannes nichts thun. Die Frau in der Hand eines dummen oder nichtswürdigen Mannes ist viel schlimmer daran, als der Sklave in der Hand seines Herrn. Der mörderische Ehemann kann nach den jetzt bestehenden Gesetzen nicht bestraft werden, wenn er den Arzt verhindert, einen lebensrettenden Eingriff bei der Frau vorzunehmen, er darf sich seiner nichtswürdigen That sogar rühmen.

Hat die Frau die Gefahren der Schwangerschaft und die Stunde der Geburt glücklich überstanden, so lauern schon die Gefahren des Wochenbettes, um ihr den Lebensfaden abzuschneiden. Die gefährlichste der Wochenbettkrankheiten, das Kindbettfieber, hat trotz aller Fortschritte, die die Medizin in den letzten Jahren gemacht hat, noch immer nicht an Häufigkeit abgenommen. Noch immer sterben eine grosse Anzahl von Wöchnerinnen an dieser Krankheit oder verfallen dem Siechthum. Überhaupt erleichtert das Wochenbett nur gar zu sehr das Verfallen in chronische Krankheiten.

Gar viele Frauen verdanken ihre Lungenschwindsucht einzig und allein dem Wochenbett, und auch Geisteskrankheiten findet man hier nicht allzuselten.

Was aber noch allzuwenig bekannt ist, das ist der Umstand, dass fast alle Unterleibskrankheiten der Frauen ihre Entstehung im Wochenbett finden, und bekanntlich giebt es nur selten eine Frau, die sich vollständig frei von Unterleibsbeschwerden weiss. Die Ursache dieser Unterleibskrankheiten ist die Vernachlässigung der gehörigen Wochenbettpflege. Fast alle Frauen verlassen das Wochenbett zu früh; der angegriffenen Gebärmutter wird keine Ruhe gegönnt, sie geräth in den Zustand chronischer Entzündung, in die sie auch die Nachbarorgane hineinzieht, und verursacht der Frau eine Menge Beschwerden.

Noch schlimmer wird der Zustand, wenn sofort wieder neue Befruchtung erfolgt, die Gebärmutter muss aufs Neue sich zu schwerer Arbeit rüsten, ohne Ruhe und ohne Rast. Dass auch eine kräftige Gebärmutter dies nicht auf die Dauer aushält, ist selbstverständlich. Es entstehen dann die geschilderten schweren Schwangerschaftsbeschwerden, es kommt zu dem unstillbaren Erbrechen, und die arme Frau kann von Glück sagen, wenn die Gebärmutter sich ihres Inhaltes schon vorzeitig entleert, denn je näher die Schwangerschaft ihrem Ende rückt, desto grösser und unerträglicher werden die Qualen. Die Geburt pflegt sich meistens lange hinzuziehen, weil die total erschöpfte Gebärmutter nicht mehr die gehörige Kraft hat, um sich zusammenzuziehen und die Frucht auszustossen.

Oft muss der Arzt eingreifen. Ist die Frucht aber ausgestossen, so kommt es in der Regel zu starken Blutungen, die das Leben in hohem Maasse bedrohen. Derartige Frauen werden auch leicht vom Kindbettfieber ergriffen.

Man hat berechnet, dass ungefähr von 1000 Entbundenen während der Geburt eine, und etwa 5—8 an den Folgen im Wochenbett sterben. Nach amtlichen Ermittelungen sind innerhalb eines Jahres von je 100 im geschlechtsfähigen Alter gestorbenen Frauen 12 im Kindbettfieber gestorben, und diese amtlichen Ermittelungen bleiben noch stark hinter der Wirklichkeit zurück. Dieser Krankheit sind in den 60 Jahren von 1816—1876 in Preussen mehr Frauen im gebärfähigen Alter erlegen, als weibliche Personen aller Altersklassen an Pocken und Cholera zusammen. Es starben nämlich in der genannten Zeit am Kindbettfieber etwa 360000, an Pocken und Cholera hingegen etwa 335000 Frauen.

Es ist aus dem Vorstehenden klar, dass mit der Zahl der Schwangerschaften auch die Lebensgefahr für die Frau wächst, und nicht allein die direkte Lebensgefahr, wie sie Schwangerschaft, Geburt und Wochenbett mit sich bringen, sondern auch die indirekte, da eine durch viele Schwangerschaften geschwächte Frau viel leichter den Krankheiten unterliegt als jedes andere Individuum.

Zu zahlreiche Schwangerschaften der Frau müssen daher unter allen Umständen vermieden werden. Allerdings giebt es Frauen, die selbst 20 Schwangerschaften in rascher Folge ohne besondere Folgen gut ertragen. Dies sind jedoch seltene Ausnahmefälle, mit denen man im Allgemeinen nicht rechnen darf. Wenn nun aber die Frage aufgeworfen wird, wieviel Schwangerschaften kann eine Frau, ohne ihre Gesundheit zu schädigen, ertragen und in welchem Zeitraume sollen dieselben eintreten, so muss die Antwort darauf lauten: Das richtet sich bei jeder Frau nach ihrer Constitution, ihrem Körperbau, ihren äusseren Verhältnissen. Einer schwächlichen Frau, die vielleicht Anlage zur Schwindsucht hat, wird man nur sehr wenige Schwangerschaften und in grossen Zwischenräumen gestatten können; einer Frau mit engem Becken oder anderen Fehlern, die das Zustandekommen einer normalen Geburt verhindern, wird man rathen, sich vorher vom Arzte jedesmal untersuchen zu lassen, damit derselbe feststelle, ob eine erneute Schwangerschaft möglich sei, ohne das Leben der Frau zu gefährden. Aber auch die socialen Verhältnisse spielen. wie wir noch sehen werden, eine nicht zu unterschätzende Rolle bei der vorliegenden Frage.

Eine normale Frau wird 4, auch 6—8 Geburten mit Leichtigkeit ertragen, wenn zwischen den einzelnen Schwangerschaften die gehörigen Pausen von 1—2 Jahren vorhanden sind. Allerdings besteht auch dann das Leben einer solchen Frau fast nur aus Schwangersein, Gebären und Stillen. Kaum ist ein Kind von der Brust abgesetzt. so beginnt die neue Schwangerschaft. Leider giebt es eine ganze Anzahl von Männern. die es für selbstverständlich halten, dass ihre Frauen einzig und allein zur Erzeugung von Kindern auf der Welt sind. Jahr für Jahr stellt sich pünktlich ein weiteres Kind ein. Ob die Frau unter den Anstrengungen der Schwangerschaft. der Geburt und des Wochenbettes erliegt oder nicht, ist ihrem Ehemann gleichgültig. Er ist eben der festen Überzeugung. dass das eben nun einmal so sein muss. Stirbt sie endlich unter der erdrückenden Last, nun so denkt der Mann nicht im entferntesten daran, sich einen Theil der Schuld beizumessen. Schonung kennt er nicht. Allerdings bei seinen Kühen und Pferden. die er im Stalle hat, da ist das etwas Anderes, da wird er sich hüten, sie häufiger gebären zu lassen, als ihr Zustand es zulässt: da handelt es sich ja auch um ein werthvolles Stück Vieh. Bei seiner Frau nimmt er an, es mache ihr Spass, 12 Kinder zu gebären. sie könne garnicht genug bekommen. Dass sie tagtäglich schwächer, elender und kraftloser wird, das bemerkt er nicht. Höchstens wundert er sich, dass seine Kinder so elend und lebensunfähig sind, während er selbst doch so stark und kräftig ist. Ja er macht vielleicht seiner Frau, die er auf diese Weise geradezu einem langsamen. qualvollen Tode preisgiebt, noch Vorwürfe.

Nun wird es keinen Wunder nehmen, wenn er hört, dass in Folge der ungeheuren geschlechtlichen Anforderungen Frauen vom 27. bis zum 35. Lebensjahre. also Individuen, die sich in der höchsten Blüthe des Geschlechtslebens befinden, in ungleich höherer Zahl als die Männer durch den Tod hingerafft werden. Alljährlich gehen in Deutschland 11000 Frauen im Wochenbett zu Grunde.

Daher nehmen die Lebensversicherungsgesellschaften Frauen in der Blüthe ihrer Jahre nur sehr ungern auf, trotzdem die Lebensdauer der Frau im Grossen und Ganzen eine höhere ist, als die des Mannes.

In ausserdeutschen Staaten ist man in der Rücksicht auf die

Frau vorgeschrittener. So erzählt der Engländer Robert Owen: Ein den gebildeten Klassen angehöriger Franzose, den man beschuldigte, die Schwangerschaft seiner Frau gegen deren Wunsch verursacht zu haben, würde als Schuft gelten und aus anständiger Gesellschaft ausgeschlossen sein.

Mensinga sagt: Ich habe noch keine Mutter kennen gelernt, welche aus purer Lust ihrem Gatten das sechste bis zwölfte Kind geboren; allesolchehaben sichnur unter dem Druck der zwingenden Noth befindlich betrachtet! Sie haben eben aus Noth ihre Vernunft der Leidenschaft des Gatten preisgegeben.

Am ausführlichsten spricht über diesen Punkt John Stuart Mill: Es geschieht nie durch den Willen der Frau, wenn Familien zu zahlreich werden; auf sie fällt neben allen körperlichen Leiden und Entbehrungen die ganze häusliche Mühseligkeit, welche aus der Überzahl der Kinder hervorgeht. Hiervon befreit zu bleiben, würde als ein Segen von sehr vielen Frauen begrüsst werden, wenn sie an dem allgemeinen moralischen Gefühl einen Rückhalt hätten. Unter den moralischen Rohheiten, welche zu billigen Gesetz und Moral noch nicht aufgehört haben, ist sicherlich eine der widerwärtigsten, dass man einem menschlichen Wesen einräumt, sich so zu betrachten, als habe es ein Recht auf das Leben eines anderen.

Wenn es wahr ist, dass die dem schwächern Geschlecht gezollte Achtung den besten Massstab für die Zivilisation darstellt, deren sich ein Land erfreut, so können wir uns in Deutschland wahrlich nicht brüsten: denn bei den wilden Völkerstämmen herrschen schliesslich grössere Rücksichten auf den Zustand des Weibes als bei uns. Gelehrte Forscher bekunden übereinstimmend, dass bei den meisten Wilden und Halbwilden das Weib während der monatlichen Reinigung vor jeder Annäherung des Mannes sicher sei. Nur der hochgestiegene Europäer, sagt Friedrich von Hellwald in seinem Werk: „die menschliche Familie." achtet das Weib weder in dieser Zeit, noch wenn sie schwanger oder gar Wöchnerin ist. Der italienische Professor Mantegazza in Florenz erzählt von einem seiner Bekannten, welcher seine Frau so sehr liebte, dass er schon in der ersten Woche nach ihrer Entbindung zu ihr kam. Drei Tage nach derselben war sie schon von Neuem in guter Hoffnung.

Dagegen erzählt der Reisende Dr. Berth. Seemann, welcher 1860 den Viti-Archipel besuchte, von einem Weissen, welcher auf die Frage der Eingeborenen nach der Zahl seiner Geschwister offenherzig mit „Zehn" antwortete. „Aber das ist ja nicht möglich", meinten die Inselbewohner, „eine Mutter kann kaum so viele Kinder erzeugen". Belehrt, dass diese Kinder in jährlichen Zwischenräumen zur Welt gekommen, und dass dies ein in Europa häufiges Vorkommniss sei, fanden die dem Kannibalismus huldigenden Naturkinder dies ungemein anstössig und meinten, dies erkläre zur Genüge, warum so viele Weisse blosse „Knirpse" seien. — wer wird da nicht unwillkürlich an das Seume'sche „Wir Wilden sind doch bessre Menschen" erinnert? Die Wilden schonen ihre Weiber aus Instinkt, die gesitteten Europäer gebrauchen die Vernunft allein, um ihren Frauen gegenüber „thierischer als jedes Thier" zu sein.

III.

Die Schädlichkeit allzuhäufiger Empfängniss für die Kinder.

_____

Es ist eine traurige, aber nicht wegzuleugnende Thatsache, dass allzuhäufige Empfängniss nicht bloss die Mutter schädigt, sondern auch die Kinder. Wie kann das Kind, das die Mutter unter dem Herzen trägt, kräftig und gesund sein, wenn die Kraft und Gesundheit der Mutter durch allzuhäufige Schwangerschaften untergraben ist? Je häufiger und schneller aufeinanderfolgend die Schwangerschaften bei einer solchen Mutter eintreten, desto elender und·widerstandsunfähiger sind die in die Welt gesetzten Kinder, desto leichter verfallen diese dem Tode. Die Zahlen der Statistik reden hier mit erschreckender Deutlichkeit.

Man bedenke, dass etwa der zehnte Theil aller Lebendgeborenen bereits innerhalb des ersten Monats, $\frac{1}{5}$ vor Ablauf des ersten Lebensjahres und etwa $\frac{1}{3}$ im Laufe der ersten fünf Lebensjahre bereits wieder gestorben sind, und dass kaum 7 von 10 ihr sechstes Lebensjahr erreichen. Die Ursachen dieser grossen Sterblichkeit sind zum Theil in den allzu zahlreichen und allzu schnell aufeinander folgenden Geburten zu suchen. Denn hieraus erklärt sich nicht bloss die Lebensschwäche und Widerstandslosigkeit der Neugeborenen, sondern auch die schlechte Ernährung und Pflege, welche nur zu oft den Keim zum Tode des Kindes legen. Eine Mutter, welche eine allzugrosse Kinderschaar zu versorgen hat, wird jedes Einzelne nicht mit der gehörigen Sorgfalt pflegen können, zumal wenn ihre Verhältnisse ungenügende sind. Das zuletzt Geborene wird stets am meisten unter der Vernachlässigung leiden müssen und sein junges Leben bald wieder dahin-

geben. Wozu also erst die Geburt, wenn doch die Aussicht auf
Erhaltung des Lebens nur äusserst gering ist? Je mehr Kinder in die Welt gesetzt werden, desto mehr
leiden auch die älteren Geschwister darunter. Ihnen wird die
nöthige Pflege und Nahrung entzogen, die doch nicht hinreicht,
um das Neugeborene am Leben zu erhalten. So haben alle Kinder
nur Nachtheile von dem neuen Sprössling.

Wenn die Mutterliebe nicht so überaus gross wäre, würde
die sogenannte „Engelmacherei" einen ungeahnten Umfang annehmen müssen. Die Mutter würde die Hand zum Tode des Jüngst-
geborenen bieten, um den Anderen ein erträgliches Dasein zu
bieten. Der Vater hat in dieser Beziehung ein härteres Gemüth.
Wie oft macht er bei der Geburt seines Kindes versteckt oder
auch ganz offen Arzt und Hebamme die Andeutung, ihm wäre es
am liebsten, wenn das Kind todt zur Welt käme! Nur ungern
sieht er den Bemühungen des Arztes zu, wenn derselbe pflicht-
gemäss sich anschickt, ein scheintodtes Kind ins Leben zurückzu-
rufen! Er empfindet den Zuwachs seiner Familie nur als eine Last
und vermag kaum die Empfindung seiner Freude zu verbergen,
wenn das Kind nach kurzer Zeit das irdische Jammerthal verlässt.

In grossem Maassstabe dagegen blüht die Engelmacherei bei
den unehelichen Kindern. Sie sind zwar in der Regel die Kinder
der Liebe und des Genusses, aber sie werden von Niemandem ge-
liebt. Vater und Mutter wollen Nichts von ihnen wissen und die
Pflegemutter versteht nur allzuleicht den ihr gegebenen Wink, aus
dem Kinde ein „Engelchen" zu machen Dem entsprechend ist auch
die Sterblichkeit unter diesen Kindern der Liebe eine noch bedeutend grössere als bei den ehelich Geborenen.

Während von 100 ehelich Geborenen im ersten Lebensjahre
etwa 22 Kinder sterben, sind von 100 unehelich Geborenen
32 Kinder dem Tode geweiht.

Wie gross überhaupt die Anzahl der Geburten ist, wird man
aus folgenden Angaben ersehen können. Auf je 1000 im Alter
von unter 50 Jahren stehende verheirathete Frauen entfallen
jährlich 285 Geburten, sodass jede verheirathete Frau, so lange
sie im gebärfähigen Alter steht, in je $3\frac{1}{2}$ Jahren einmal entbunden
wird. Durchschnittlich werden von jeder verheiratheten Frau
während ihrer Ehezeit 4 Kinder geboren. In Europa kommen im
Mittel etwa 4 Kinder auf jede Ehe; 18—20% sämmtlicher Ehen
sind unfruchtbar. Von Einfluss auf die Fruchtbarkeit ist das

relative Alter beider Gatten. Dieselbe ist am grössten, wenn die Eltern gleich alt sind, oder wenn der Mann 1—6 Jahre älter ist als die Frau.

Sehr verschieden ist aber die Zahl der Geburten in den einzelnen Ländern. Durchschnittlich kommen auf 1000 Einwohner 35 Geburten. Frankreich jedoch zählt nur 26 Geburten, Deutschland dagegen 40, in Russland steigt sogar die Zahl der Geburten auf 50. Den normalen Durchschnitt von 35 Geburten haben England, Schottland, Holland und Spanien.

Wie man sieht, ist die Zunahme der Bevölkerung in Frankreich die kleinste in Europa. Trotzdem kann sich kein Land so ausserordentlich hoher Produktionskraft rühmen wie Frankreich, in welchem im Allgemeinen eine viel höhere Lebenshaltung herrscht als in allen anderen Ländern.

Leider haben wir auch als Folge allzu reichen Kindersegens die Zunahme des Vagabonden- und Verbrecherthums zu beklagen. Die Mutter ist nicht im Stande, allen ihren Kindern eine gleichmässig gute und sorgfältige Erziehung angedeihen zu lassen, die grosse Anzahl derselben, ihre eigene Hinfälligkeit, die Sorge um das tägliche Brod machen ihr das zur Unmöglichkeit. So wachsen die Kinder ohne ordentliche Zucht heran und verfallen, arm wie sie sind, zumal, wenn sie nichts Rechtes gelernt haben, gar zu leicht dem Vagabonden- und Verbrecherthum. Nur zu häufig schliesst sich auch das treue Auge der Mutter zu früh, um die Kinder auf die Bahn des Guten zu leiten.

Weshalb also die Opfer, welche die Mutter bringt, wenn dieselben doch nutzlos sind, wenn dieselben nur den Kirchhof und die Zuchthäuser bevölkern? Es kommt nicht auf die Menge der zur Welt gebrachten Kinder, sondern auf ihre Beschaffenheit an. Wenige an Körper und Geist tüchtige Sprösslinge sind viel mehr werth, als ein ganzes Bataillon der unter den jetzigen Zuständen zur Welt gebrachten Individuen.

Mit Recht bemerkt der Philosoph Lange: Die Versorgung der heranwachsenden Jugend ist stets ein kritischer Moment im Kampf ums Dasein. Die meisten Eltern, welche es irgend vermögen, streben danach, ihren Kindern eine bessere Zukunft zu sichern, als sie ihnen im väterlichen Gewerbe in Aussicht steht, und doch wird es in unzähligen Fällen äusserst schwierig, ihnen auch nur das gleiche Loos zu sichern. Der Vater hat etwa ein kleines Bauerngut und zwei bis drei Söhne, von denen doch nur

einer erben kann. ein kleines Geschäft. in welches vernünftiger-
weise nur einer. höchstens zwei eintreten können. Ist er Tage-
löbner, so wächst ihm im eigenen Sohne schon ein Konkurrent
heran um das spärliche Brod. der bald mit rüstigeren Kräften als
der Vater in die Schranken treten und dann wieder seinen eigenen
Herd begründen wird. Daher ist das so oft getadelte Bestreben
über den ursprünglichen Stand hinauszugehen keineswegs nur, wie
eitle Moralprediger so oft glauben bemerken zu müssen, ein Zug
der Eitelkeit. Es steckt ein gutes Stück Noth und Sorge mit
darin: denn wenn einmal auf dem Platz des Vaters der Tisch für
den Sohn nicht mitgedeckt ist, so muss für diesen nach irgend
einer Seite der Platz gesucht werden.

IV

Die Schädlichkeit allzuhäufiger Empfängniss für den Vater.

Inwiefern kann eine allzuhäufige Empfängniss denn dem Vater schaden? höre ich Manchen ausrufen, der nicht näher über diesen Gegenstand nachgedacht hat. Direkt allerdings wird der Vater kaum geschädigt werden, wohl aber indirekt. Wird er denn nicht geschädigt, wenn Jahr um Jahr sich seine Familie vergrössert, ohne dass auch zugleich sein Einkommen zunimmt? Ist es keine Schädigung, wenn nunmehr 6, 8, 10 und mehr Personen von demselben Gelde leben sollen, das vorher gerade für 2 bis 4 Personen ausgereicht hatte. Auch der Vater muss sich bei der Vergrösserung der Familie Entbehrungen auferlegen, er wird vielleicht seine Kräfte mehr anstrengen, um seinen Verdienst zu erhöhen. Allein auf die Dauer wird er den Zustand von schlechter Pflege und vermehrter Arbeit nicht ertragen können. Krankheit wird ihn an's Bett fesseln und der Familie ihren Ernährer rauben. So leidet auch der Vater unter der Schädlichkeit allzuhäufiger Empfängniss.

Gar Mancher mag bei dieser Schilderung denken: „Es geschieht dem Manne schon Recht, warum ist er so unvorsichtig, Kinder zu erzeugen, die er nicht ernähren kann." Allerdings könnte man dem Manne diesen Vorwurf machen, wenn er wirklich die Absicht hätte, unbedachter Weise seine Familie zu vergrössern und zugleich auch dem Elend preiszugeben.

Allein, das will weder er noch seine Frau. Sie wollen keine Kinder erzeugen, die sie doch nicht ernähren können, die sie nur dem Ruin preisgeben: sie wollen nur ihrem natürlichen Gefühl nachgehen und den Beischlaf vollziehen. Allein die Ärmsten wissen kein Mittel, um sich ihrem natürlichen Gefühl hinzugeben, ohne sich in die Gefahr der Empfängniss zu stürzen. Sie müssen es darauf ankommen lassen, dass keine Befruchtung eintritt.

So gehen die Eheleute nur mit Zittern und Widerstreben an die Ausübung des naturgemässen Beischlafes, sie fürchten ihn, als ob sie im Begriff ständen, ein Verbrechen zu begehen, ein Alp fällt ihnen vom Herzen, wenn der Beischlaf ohne Folgen geblieben ist, die bittersten Vorwürfe erfolgen, wenn das Gegentheil eingetroffen ist.

Zumal die Frau, welche neben den allgemeinen Schädlichkeiten noch die der Schwangerschaft, die der Geburt und des Wochenbettes auf sich zu nehmen hat, verzichtet in den meisten Fällen lieber auf den Beischlaf, als dass sie sich neuen Gefahren aussetzt. Sie stösst den Ehemann von sich, ja, sie weist ihn sogar an, wenn er durchaus nicht den Naturtrieb bezähmen kann, ausserhalb des Hauses denselben zu befriedigen! Welches Elend entsteht aus diesem Zwiespalt, der zwar den Beischlaf, aber nicht die Befruchtung will!

Der Gedanke, dass ein allzureicher Kindersegen eintreten könnte, hält gar Manchen, der gern heirathen möchte, von der Ehe zurück. Ein grosser Procentsatz der heutigen Junggesellen würde sofort heirathen, wenn sie ein Mittel wüssten, die Kindererzeugung nach ihrem Belieben zu regeln. Es würde dann auch die hohe Zahl der Geburten unehelicher Kinder, die ja zum Theil nur eine nothwendige Folge des überhandnehmenden Junggesellenstandes sind, bedeutend abnehmen und in jeder Beziehung bessere Zustände eintreten. Und die Zahl der Geburten unehelicher Kinder ist in der That eine grosse; denn auf 10 eheliche Geburten kommt durchschnittlich ein unehelich geborenes Kind.

Nur zu oft wird die Harmonie der Ehe durch unerwünschten Kindersegen getrübt. Beide machen sich Vorwürfe, den Beischlaf zugelassen zu haben und nicht vorsichtig genug gewesen zu sein. Ja, sie verwünschen sogar ihre Fruchtbarkeit; Verdriesslichkeit und Unmuth halten ihren Einzug in die bisher so einträchtige Häuslichkeit.

Wie häufig berichten uns die Zeitungen, dass ein langjähriger treuer Beamter oder Buchhalter sich aus unbekannten Gründen zu Unterschlagungen hat verleiten lassen; aber sie berichten uns nicht, wie oft in diesen Fällen allzugrosser Kindersegen, für den das knappe Gehalt nicht hinreichte, die Ursache gewesen sein mag. Was soll ein solcher Mensch thun? Er ist bisher treu und ehrlich gewesen, hat früh und spät gearbeitet, um sich und seine Familie ehrlich und anständig durchzubringen. Aber die Zahl der Kinder übersteigt mit den Jahren seine Mittel. Er steht vor der Wahl, entweder Weib und Kinder hungern zu sehen oder sich an der Kasse seines reichen Brodherrn zu vergreifen. Er wagt den gefährlichen Griff für seine Familie, die er nicht darben sehen kann — und ist nun ein Verbrecher geworden!

Oder es kommt zu noch traurigeren Vorfällen. So erzählt Mensinga: Einem 47jährigen Arbeiter, Vater von 14 Kindern, war schon beim 13. Kinde Enthaltung vom Beischlaf empfohlen worden, da viele Kinderkrankheiten aus Mangel an Pflege eintraten. Die Warnung wurde nicht befolgt: beim vierzehnten Kinde wurde die Mutter von Bauchfellentzündung ergriffen; die fünfzehnte Schwangerschaft nahm ein vorzeitiges Ende, indem Abort eintrat, dem ein mehrmonatliches schweres Krankenlager folgte. Die bereits sehr verschuldete Haushaltung versumpfte ganz. In einem Anfall von Schwermuth, erhöht durch Alkoholgenuss, erhängte sich der Mann unter Zurücklassung eines Briefes: „er sehe sich ausser Stande, seine Familie vor Hunger zu schützen und empfehle dieselbe der allgemeinen Wohlthätigkeit."

Aehnlich ist folgender Fall: Ein 38jähriger, kräftiger Arbeiter erkrankte beim siebenten Wochenbett seiner ebenfalls zwar gesunden, aber schwer arbeitenden Frau an Brustfellentzündung, welche er sich durch Ueberanstrengung (Tag- und Nachtarbeit) zugezogen hatte zum Zweck der Entlastung und zur Arbeitserleichterung seines braven Weibes. Nach seiner Herstellung erfolgte Warnung vor fernerem Beischlaf: „die sich aufthürmenden Lasten würden schliesslich seine Kräfte übersteigen." Die Warnung, von der Frau mehr als gern angenommen, wurde von dem Manne erwidert mit: „So lange ich noch gesunde Arme habe, soll meine Familie keine Noth leiden." Ein Vorschlag, das Leben zu versichern, wurde aus Mangel an Mitteln abgewiesen. Das achte Wochenbett veranlasste den Mann, wiederum stärker zu arbeiten als vordem: dem Schicksale Trotz zu bieten!

Der treue Arbeiter, Vater und Gatte erkrankte abermals kurz nach dem Wochenbett seiner Frau an einer Lungenentzündung, welche seinem scheinbar unverwüstlichen Leben jählings ein Ziel setzte; Weib und Kinder liess er in bitterster Noth zurück.

Recht häufig findet man Trunksucht gerade bei dem Vater einer zahlreichen Familie. Er ist anfangs ein braver, arbeitslustiger Mann gewesen, der sich und die Seinen redlich durchbrachte: die jährlich wachsende Vergrösserung seiner Familie ist er trotz allen Bemühens nicht mehr im Stande, wie früher zu ernähren. Er sieht das Elend, die Verzweiflung im Hause, er kann es nicht mit ansehen, nicht ertragen. Er stürzt in das nächste Wirtshaus, um sich mit Schnaps zu betäuben, sein Gehirn von den Schreckensbildern zu befreien. Er fühlt die wunderthätige Macht des Alkohols und kehrt nur allzugern zu dem neugewonnenem Freunde zurück, dessen Umarmung er sich gar bald nicht mehr entziehen kann. Mögen Frau und Kinder nach Brod jammern — er hört es ja nicht mehr, hält ihn doch die Macht des Alkohols und des Fusels in ihren Händen, aus denen nur selten Jemand entrinnt!

Mehr und mehr sinkt der dem Schnapsteufel Ergebene: er arbeitet nur noch selten und widerwillig. Oft genug wird ihm von seinem Arbeitgeber der Stuhl vor die Thür gesetzt. Sein Wochenlohn reicht gerade hin, um den Schnaps zu bezahlen, den er in immer grösseren Mengen geniesst. Wenn die verzweifelnde Frau ihn mit Ungeduld am Löhnungstage erwartet, wenn er spät Abends schwankend und taumelnd mit rohem Spott ihr entgegenlallt, er habe keinen Pfennig mehr in seinen Taschen, dann mag sich der Menschenfreund ausmalen, welche Gefühle die arme Frau, die mit ihren elenden Würmern darben muss, durchtoben: er möge aber auch bedenken, dass die Macht der Verhältnisse stärker war, als der bedauernswerthe Mann, der einzig und allein dem allzureichen Kindersegen erlag.

Bisher ist noch nirgends auf diesen Zusammenhang zwischen reicher Kinderschaar und Trunksucht des Vaters geachtet und hingewiesen worden. Jedoch ist dieser Zusammenhang aus den Ergebnissen der Statistik ganz klar zu ersehen. Länder, wie Frankreich und Norwegen mit geringer Bevölkerungszunahme haben einen weit geringeren Schnapsverbrauch als Deutschland und Russland, welche eine sehr starke Bevölkerungszunahme haben. In Norwegen beträgt der Verbrauch an Branntwein pro Kopf und Jahr 3,4 Liter, in Frankreich 4,25 Liter, dagegen in Deutschland 10 Liter und in Russland gar 16 Liter. Ein Gelehrter hat berechnet, dass der Schaden, welcher dem Gemeinwohl in Deutschland jährlich durch den Missbrauch alkoholischer Getränke erwächst, auf 1500 Millionen Mark zu veranschlagen ist. Wie viel geringer könnte die Summe sein, wenn eine allzugrosse Kinderzahl den

Ernährer der Familie nicht zur Trunksucht verführte und wenn überhaupt durch weise Beschränkung der Kindererzeugung die Zahl der Trinker sich verringerte und die allgemeine Sittlichkeit sich in Folge dessen höbe!

Die Trunksucht der Eltern führt gar zu oft zu demselben Laster bei den Kindern oder auch zu Geistesstörung. Von einer Person, die 1740 geboren und noch zu Anfang dieses Jahrhunderts als Diebin, Trinkerin und Vagabondin gelebt hatte, konnte eine direkte Nachkommenschaft von 834 Individuen nachgewiesen und bei 709 derselben die Verhältnisse genau ermittelt werden. Von diesen 709 waren 106 unehelich, 181 öffentliche Dirnen, 142 Bettler, 64 in Armenhäusern und 76 Verbrecher (mit 7 Mordthaten). Die Zahl der Jahre, welche diese Familie im Gefängniss zugebracht, belief sich auf 116. und 734 Jahre war sie aus öffentlichen Mitteln unterstützt worden. In dem fünften Gliede waren nahezu alle Frauen öffentliche Dirnen und die Männer Verbrecher, von dem sechsten war der älteste erst 7 Jahre alt, aber schon 6 waren in Armenhäusern, und diese einzige Familie hatte dem Staate im Laufe von 75 Jahren an Gefängnisskosten, Unterstützungen und an direktem Schaden einen Aufwand von 5 Millionen Mark verursacht! Ein entsetzliches Beispiel für die Folgen unangebrachter Kindererzeugung. die Allen und Jedem zum Schaden, Keinem zum Nutzen diente!

V.

Die Schädlichkeit allzuhäufiger Empfängniss für den Staat.

Der Staat d. h. die Mitmenschen haben ein nicht zu unterschätzendes Interesse daran, dass die Zahl der Geburten eine bestimmte Grenze nicht übersteige. Vielfach wird angenommen, dass dasjenige Land am besten daran ist, das sich durch starke Vermehrung auszeichnet. Rühmend wird dieser Umstand bei einzelnen Ländern hervorgehoben, während andere bemitleidet werden, weil bei ihnen die Volksvermehrung eine nur geringe ist.

Aber was nützt die starke Vermehrung der Bevölkerung, wenn für die Überschüssigen kein Brot und keine Arbeit vorhanden ist, wenn dieselben nothgedrungen das Heimathland verlassen müssen, um anderwärts ihr Leben zu fristen? Was für einen Nutzen hat das Gemeinwesen von diesen Menschen, welche in ihrer Jugend ernährt werden müssen, ohne dass sie im Stande sind, durch spätere Leistungen dem Staate ihre Schuld abzutragen? Lassen wir uns darum nicht durch das scheinbar erhebende Bild starker Fruchtbarkeit eines Staates täuschen! Wenn derselbe nicht die Mittel hat, um seinen Bürgern ausreichende Nahrung und Arbeitsgelegenheit zu verschaffen, so kann man diesen Zustand für keinen wünschenswerthen erachten.

Die Folge allzustarker Volksvermehrung ist in der Regel eine steigende Armuth im Lande. Ein Arbeiter, der vielleicht sich, seine Frau und einige Kinder auskömmlich zu ernähren im Stande ist, wird bei der Vergrösserung seiner Familie darben müssen, in Armuth und Elend versinken, Krankheit und Siechthum ist die Folge unzureichender Ernährung, und auch die heranwachsenden Kinder werden schwächlich und unkräftig sein. Und wie es

diesem einen Arbeiter ergeht, so ergeht es Tausenden und Aber-
tausenden; sie vermehren mit ihrer Kinderzahl die Armuth
im Lande, denn die Kinder sind heutzutage kein Kapital, das
einst reiche Zinsen tragen wird; es fehlt die Gelegenheit dieses
Kapital auszunützen sowohl in der Landwirthschaft, als in der
Industrie.

„Die Armuth aber ist", wie ein anonymer Schriftsteller sich
ausdrückt, „das furchtbarste aller Übel, welche die Menschheit
bedrücken". Andere grosse Übel, wie Krieg oder Pestilenz, sind
im Vergleich mit der Armuth von geringer Bedeutung. Sie gehen
vorüber, finden nur in seltenen Zwischenräumen statt und sind nur
wie die wenigen Tropfen, von denen der tiefe Becher menschlichen
Elends dann und wann überfliesst. Sie sind überdies im Allgemeinen nichts als Wirkungen der Armuth und des davon unzer-
trennlichen socialen Elends, der Unzufriedenheit und der schlechten
Leidenschaften, in welche die grosse Masse der Menschheit ver-
sunken ist, und die als die Grundursachen der wichtigsten vor-
übergehenden Übel, welchen wir bis auf den heutigen Tag unter-
worfen sind, betrachtet werden müssen. Wenn keine Armuth
schmutzige und ungesunde Distrikte in unseren Städten hervor-
brächte, so würden Seuchen, die statistischen Thatsachen zufolge
bei weitem mehr Menschenleben zerstören als der Krieg, selten
bei uns erscheinen und einen geringen Einfluss auf das menschliche
Glück ausüben. Wenn die sociale Unzufriedenheit und die Gefühle des Zornes und des Neides, welche die Armuth erzeugt,
durch deren Beseitigung beruhigt würden, so könnte man die
stehenden Heere, (die im Allgemeinen in den modernen Staaten
ebenso sehr gebraucht werden, um die ärmeren Klassen im Zaume
zu halten als um gegen auswärtige Feindseligkeiten zu schützen),
reduzieren, und internationale Kriege sowie Bürgerkriege würden aller
Wahrscheinlichkeit nach nur noch der Vergangenheit angehören".

Allerdings sucht man jetzt in den civilisirten Staaten den
Folgen der wachsenden Armuth, wie sie sich in der Vereinigung
der Proletarier aller Länder gegen die Reichen zeigen, dadurch
zu begegnen, dass man von Staatswegen in Fällen von Krankheit,
Unfall und Altersschwäche eingreift. Allein es ist diese ganze
Arbeiterschutzgesetzgebung nur ein Tropfen auf den heissen Stein;
sie vermag zwar in einzelnen Fällen den schlimmsten Folgen der
Armuth zu steuern; allein sie zu beseitigen vermögen die Arbeiter-
schutzgesetze nicht. Und doch ist es das höchste Ziel jedes

Arztes, der Übel, seien sie auch socialer Natur, heilen will, ihnen vorzubeugen und ihre Entstehung zu verhindern. Und das einzige Mittel, um die Armuth so weit als irgend möglich zu beseitigen, ist die Beschränkung allzugrosser Volksvermehrung. Natürlich wird es nicht möglich sein, von Staatswegen eine derartige Verordnung zu treffen; aber da aus anderen Gründen jedem Einzelnen daran gelegen ist, eine allzugrosse Vermehrung der Familie zu vermeiden, so wird, wenn nur Mittel zur Verhütung der Empfängniss genügend bekannt werden, auch der Staat grossen Vortheil ziehen.

Allerdings wird es unmöglich sein, die Armuth ganz aus der Welt zu schaffen. Denn es wird stets Individuen geben, welche die Gelegenheit, der Armuth durch Arbeit zu entrinnen, nicht benutzen wollen oder können, sei es aus Hang zur Faulheit, zum Laster, zur Trunksucht, aus Unwissenheit oder in Folge von Krankheit. Im Übrigen sind Trunksucht und Unwissenheit viel häufiger die Folgen der Armuth als ihre Ursachen.

Diese Zunahme der Bevölkerung ohne die entsprechende Zunahme der Nahrung im weitesten Sinne ist das vielbesprochene Gespenst der Übervölkerung. Nicht etwa, dass die Erde nicht gross genug wäre, um die Menschenmenge zu fassen, eine Übervölkerung bedeutet, dass die Erde oder auch das betreffende Land nicht mehr alle Bewohner zu ernähren vermag. Leider vermag die Vermehrung der Nahrung nicht gleichen Schritt zu halten mit der Vermehrung der Bevölkerung: bisher konnte der Ausweg der Auswanderung nach weniger bevölkerten Theilen der Erde eingeschlagen werden. Aber auch hier wird in absehbarer Zeit ein Riegel vorgeschoben werden, und was dann erfolgen muss, das auszumalen, wollen wir der Zukunft überlassen.

Allerdings wird das Übel der thatsächlichen Übervölkerung der Erde nur ganz allmählich sich bemerkbar machen. Mit der Vermehrung der Menschen wird die Armuth mehr und mehr zunehmen. Im Gefolge der Armuth werden sich Laster und Krankheiten in nie vorher gekannter Höhe einstellen und das Durchschnittsalter der Menschen bedeutend verkürzen, sodass die Menge der Nahrung auf eine grössere, aber nur kurzlebige Bevölkerung vertheilt werden wird.

Die Armuth ist demnach, wie wir gesehen haben, keine Frage der Politik, sondern eine geschlechtliche Frage, die sich nur durch die Mitarbeit aller einzelner Individuen lösen lässt. Und

— 33 —

diese Lösung ist durchaus nicht aussichtlos, da diese Mitarbeit zugleich im Interesse jedes Einzelnen liegt.

Neben der Armuth entstehen aber aus der allzugrossen Volksvermehrung noch eine Anzahl anderer Übel für den Staat, von denen wir an dieser Stelle nur einige berühren wollen, die zugleich den Einzelnen angeben.

Eines dieser Folge-Übel ist die Prostitution. Es ist viel darüber geschrieben und gesprochen worden: man hat erwogen, ob der Staat die Regelung der Prostitution in die Hand nehmen müsse oder ob dieselbe Privatsache sei. Man hat die Prostitution auch abschaffen wollen, als ob das ohne Weiteres ginge. In den meisten Staaten wird die Regelung der Prostitution in der Weise gehandhabt, dass dieselbe staatlicherseits, soweit öffentliche Interessen sowie der Schutz der Gesundheit in Frage kommt, überwacht wird, in anderer Beziehung jedoch als Privatsache betrachtet wird.

Die Prostitution ist nun nichts Anderes, als eine Folge der übergrossen Volksvermehrung. Denn da die in Folge dessen zunehmende Armuth zahlreichen Personen das Heirathen nicht gestattet, ihr geschlechtliches Bedürfniss jedoch befriedigt werden muss, so wird naturgemäss die Zahl der Prostituirten mit der Zahl der Unverheiratheten wachsen. Mit der Einführung des Mittels gegen die Empfängniss wird die Prostitution von selbst abnehmen und zugleich auch die von Tag zu Tage stärker in die Erscheinung tretende Ehelosigkeit.

Zur Veranschaulichung unserer deutschen Zustände möge hier die Schilderung, welche Rümelin von denselben entwirft, Platz finden: „In den geordneten, viel oder wenig besitzenden Kreisen des Bauern- und Gewerbestandes, in den gebildeten Klassen weiss man es nicht anders, als dass man zur Gründung einer Familie nur schreiten kann, wenn die ökonomischen Bedingungen dafür vorhanden sind, und dass man nicht mehr Kinder erzeugen sollte, als man grossziehen und einst für ihre Selbständigkeit ihrem Stande gemäss ausstatten kann. Aber in den lohnarbeitenden Klassen treten diese Rücksichten leicht zurück; man ist versucht, es darauf ankommen zu lassen, wie es gehen mag, und sieht, wenn man überhaupt darüber nachdenkt, im Hintergrund den Rechtsanspruch, die Vaterpflicht auf die Gesellschaft abzuwälzen. Ist es nicht ein gefahrbringender Zustand, wenn die Einsichtsvollen und sittlich höher Stehenden, wenn diejenigen Klassen, welche überall die Grundlage und Stütze der bürgerlichen Ordnung bilden, sich schwächer und

3

langsamer vermehren, als die unbeständigen und weniger gebildeten
Elemente? Entweder müsste es überhaupt kein Recht auf Unterstützung
geben, oder aber, wenn für die Gemeinden oder gar für Staat und
Reich eine Zwangspflicht bestehen soll, so müsste jener Pflicht auch
ein Recht zur Seite gehen, wenigstens das Übermaass und die
grössten Missbräuche von sich abzuwehren. **Es kann unmöglich
eines der Grundrechte jedes Deutschen sein, auf Kosten der
Gesellschaft so viel Kinder in die Welt zu setzen, als ihm beliebt.**
So hoch können die Arbeitslöhne niemals werden, dass sie
zum Unterhalte einer Familie von 6 bis 8 Köpfen ausreichen; dass
dann aber die Gesellschaft das Fehlende aus ihren Mitteln decken
soll, ist eine Forderung des Unmöglichen. Selbst das reichste
Volk würde das nicht auf die Länge zu leisten im Stande sein."

Der augenblickliche Zustand bei uns ist gerade der umge-
kehrte, wie er sein sollte. In den oberen Klassen, bei dem sogenannten oberen Zehntausend, wird die willkürliche Beschränkung
der Kinderzahl aus zum Theil nichtigen Gründen häufiger in Anwendung gebracht, während in den arbeitenden Klassen von der
dort so nothwendigen Beschränkung der Geburten absolut keine
Rede ist.

Das deutsche Reich hat seine Bevölkerung seit 1816 verdoppelt.
Der gleiche Boden trug und ernährte 1816 24831396 Menschen,
heute trägt und ernährt (?) er 49 $\frac{1}{2}$ Millionen. Die jährliche Zunahme im Durchschnitt der verflossenen 7 Jahrzehnte betrug fast
10 Prozent. Noch deutlicher sprechen folgende Zahlen:
Es betrug die ortsanwesende Bevölkerung am 1. September

1871	41.058.804	oder ein Plus von
1875	42.727.372	1.668.567
1880	45.234.061	2.506.689
1885	46.840.906	1.606.845
1890	49.422.928	2.582.022
		8.364.123

Wir haben also seit Begründung des neuen deutschen Reichs
einen Überschuss von über 8 Millionen zu verzeichnen, wohlge-
merkt nach Abrechnung der Todesfälle und Auswanderungen.
Aller Voraussicht nach wird sich etwa im Jahre 1920 Deutschlands
Bevölkerung vom Jahre 1871 wiederum verdoppelt haben.

Es ist klar, dass für eine solche Anzahl Menschen kein Platz in Deutschland vorhanden ist. Gleich den Chinesen werden die Deutschen wohl oder übel in Massen answandern müssen, und es ist nicht unwahrscheinlich, dass die Regierung in weiser Voraussicht ihre theueren Colonien erworben hat, um dem Bevölkerungs-überschuss eine Freistatt gewähren zu können.

Schon lange ist Deutschland nicht mehr im Stande, die für seinen Bedarf nöthigen Mengen an Naturprodukten hervorzubringen: es ist dabei auf andere Länder angewiesen, die dafür industrielle Erzeugnisse entnehmen. Wenn nun aber aus irgend einem Grunde Deutschland die Zufuhr abgeschnitten würde, so würde es unfehlbar vor einer Hungersnoth stehen. Und so unwahrscheinlich ist diese Annahme nicht: hat doch Napoleon I. durch seine Continentalsperre die Durchführbarkeit praktisch erwiesen.

Vorläufig aber macht sich die Übervölkerung in Deutschland durch die auf allen Gebieten herrschende Conkurrenz bemerkbar: das Angebot von Arbeitskräften übersteigt allenthalben die Nachfrage. Die natürliche Folge ist Sinken der Preise, der Arbeitslöhne und Steigen der allgemeinen Verarmung.

Bei der jetzigen Organisation der Volkswirthschaft ziehen nur die besitzenden Klassen aus der Übervölkerung Vortheil. Denn diese drückt auf den Arbeitslohn und steigert den Kapitalgewinn.

Unser Staat scheint auch durch eine andere Regierungshandlung bewiesen zu haben, dass er ein offenes Auge für die in Rede stehenden Übelstände hat.

Die anscheinend so hartherzigen Ausweisungen der Polen aus deutschen Landestheilen stellen nichts weiter dar „als die Verhütung der Masseneinwanderung eines ärmeren Volkes in ein reicheres hinein." „Es ist das gleiche, ob genügsame Polen den Lohn in Westpreussen, ob genügsame Deutsche den Lohn in Frankreich, oder ob genügsame Chinesen denselben in Californien herabdrücken, die Landbewohner sind in allen drei Fällen gezwungen zu weichen, falls sie nicht in der Kultur zurücksinkend auf die niedere Stufe der fremden Einwanderer hinabzusteigen vermögen." Ja, es ist sogar möglich, dass auch die Vertreibung der Juden aus Russland zum Theil aus gleichem Grunde geschieht, zumal wir schon oben nachgewiessen haben, dass die Zahl der Geburten in Russland die höchste in ganz Europa ist.

VI.

Wann müssen Mittel zur Verhütung der Empfängniss angewendet werden?

Aus mannigfachen Gründen wird es sich empfehlen, wenn wir hier genau diejenigen Fälle angeben, in denen es angebracht ist, Mittel anzuwenden, um die Empfängniss zu verhindern. Vor allen Dingen gehören hierher diejenigen Fälle, in denen die Frau krank ist, und zwar muss man hier Krankheiten unterscheiden. die die Empfängniss nur zeitweilig widerrathen und solche, bei welchen eine Empfängniss am besten für immer ausgeschlossen ist.

Bisher musste in den letzteren Fällen auch zugleich die Ehe widerrathen werden, da man Ehe und Empfängniss nicht auseinanderhalten konnte. Jetzt kann man den Satz aufstellen, dass die Ehe in allen Fällen erlaubt ist und nur die Empfängniss einer Beschränkung unterliegt.

Man wird die Empfängniss in den Fällen widerrathen müssen, wo voraussichtlich Schwangerschaften, Geburt oder Wochenbett nicht normal verlaufen werden. Allerdings lässt sich dies nur in seltenen Fällen vor der ersten Empfängniss voraussagen; jedoch wird die Bestimmung nach der Beendigung der ersten Schwangerschaft sich fast stets ermöglichen lassen. Wo also die Beschwerden der Schwangerschaft eine ganz abnorme Höhe erreichen, wo lebensgefährliche Verwicklungen wie unstillbares Erbrechen, Nierenentzündung, Krämpfe, hochgradige Blutarmuth eintreten, wird man die zweite Schwangerschaft so lange verhindern müssen, bis Garantieen vorliegen, dass die unangenehmen Zufälle nicht wieder eintreten. In manchen Fällen wird es dem Arzt möglich sein, dauernde Abhülfe zu schaffen, wenn nur die nächste Schwangerschaft nicht allzuschnell eintritt.

Die Geburt kann hauptsächlich schwierig oder gefährlich werden, wenn das Becken der Frau nicht normal gebaut ist. Es wird sich dies fast stets durch den untersuchenden Arzt feststellen lassen. In diesem Falle haben die Eheleute zu bestimmen, ob die Frau sich einer gefährlichen Geburt aussetzen will oder nicht: der Arzt kann nur die Verhältnisse und die Folgen einer derartigen Geburt klarlegen. Die Frau. welche z. B. schon einmal durch den Kaiserschnitt hat entbunden werden müssen, wird richtig handeln. wenn sie sich nicht zum zweiten Mal der Gefahr einer solchen Operation aussetzt. Sie muss bedenken. dass ihr Leben werthvoller ist als das eines noch nicht erzeugten Kindes. Auch diejenigen Frauen. welche während der Geburt von Krampf-anfällen heimgesucht werden, thuen am besten. eine fernere Schwangerschaft zu verhindern. weil die Gefahr in Folge dieser Krämpfe zu sterben eine überaus grosse ist.

Auch das Wochenbett kann Gefahren herbeiführen, die eine Wiederholung desselben nicht wünschenswerth erscheinen lassen. Abgesehen von dem Kindbettfieber. das bei einem späteren Wochenbett leicht wiederkehren kann, sind es Geistesstörungen. welche, wenn sie während eines Wochenbettes auftreten. eine Wiederholung unter denselben Umständen befürchten lassen. Wer sich also nicht dieser Gefahr aussetzen will, wird die Empfängniss verhüten müssen.

In wie weit bei den verschiedenen Unterleibskrankheiten der Frauen Schwangerschaft zu verhüten ist. muss in jedem einzelnen Falle der Arzt bestimmen. Es lassen sich hier absolut keine überall gültigen Angaben machen, da in dem einen Falle einer bestimmten Krankheit die Schwangerschaft schädlich, in einem anderen derselben Krankheit Schwangerschaft nicht blos gestattet, sondern sogar vortheilhaft sein kann. Es kommt eben auf den Grad der Krankheit. auf die Constitution der Frau und noch mehrere andere Umstände an.

Im Allgemeinen wird man zur Anwendung des Mittels zur Verhütung der Empfängniss rathen müssen in Fällen, wo Tuberknlose vorliegt, sei es von Seiten der Frau, sei es von Seiten des Mannes. Denn wir finden nur allzuhäufig, dass die Kinder tuberkulöser Eltern ebenfalls von dieser unheilvollen Krankheit befallen werden. Bekanntlich erfordert die Tuberkulose in Gestalt der Lungenschwindsucht ihre meisten Opfer in den Jahren der Blüthe. wo der Jüngling zum

Mann. die Jungfrau zum Weib heranreift. Kann man sich etwas Traurigeres denken, als ein Elternpaar, das ihre Kinder mit Mühe und Noth grosszieht. um sie dann zu verlieren? Schon im Mittelalter wurde der grausame Vorschlag gemacht, den Schwindsüchtigen das Heirathen zu verbieten, damit nicht sieche und lebensunfähige Kinder in die Welt gesetzt würden, und damit die Weitervererbung der Schwindsucht eingeschränkt werde. Jetzt wird man mit Leichtigkeit Beides erreichen können, ohne zu grausamen Maassregeln zu greifen. Gerade Schwindsüchtige in den letzten Stadien der Krankheit sind in hohem Grade geschlechtsbedürftig: wie grossartig wirkt hier das Mittel, das den Wunsch des Sterbenden zu erfüllen gestattet, ohne durch Erzeugung schwindsüchtiger Kinder Schaden anzurichten! Denn Schaden bringt jedes Kind, das vor Erreichung der Selbständigkeit stirbt. Welch' einer frohen Zukunft aber sehen wir entgegen, wenn die Zahl der früh dahinsterbenden Kinder sich merklich verringert, wenn eine natürliche Zuchtwahl stattfindet, bei der es nur zur Ausbildung kräftiger und lebenstüchtiger Individuen kommt! Krankheiten. Elend und Armuth müssen dann allmählig verschwinden, um einem gewissen Wohlstand, allgemeiner Zufriedenheit. Gesundheit und langer Lebensdauer Platz zu machen.

Von gleich verderblichem Einfluss wie die Tuberkulose sind Geisteskrankheiten der Eltern. Ausserordentlich häufig findet man, dass Geisteskrankheiten sich von den Eltern auf die Kinder und Kindeskinder vererben. In der Regel wird die Form der Geisteskrankheit mit der fortschreitenden Vererbung immer schwerer und unheilbarer, bis endlich die Nachkommenschaft fehlt und der ganze Stamm erlischt. So hilft sich die Natur. Alle diese Geisteskranken sind keine nützlichen Mitglieder der Gesellschaft, sondern verursachen ihren Angehörigen und dem Staat nur Kosten. Weshalb solche unglückseligen Geschöpfe erst erzeugen? Ist es nicht in jeder Beziehung besser, wenn geisteskranke Eltern die Zeugung von Kindern unterlassen? Die Zahl der Geisteskranken vermehrt sich in heutiger Zeit mit ausserordentlicher Schnelligkeit. Das aufreibende Leben im Kampf ums Dasein, das die Mehrzahl der Menschen führt, hat schon so manches Gehirn, das diesem Treiben nicht gewachsen war, dem Irrsinn verfallen lassen; hüten wir uns, dass nicht die Zahl dieser Opfer in leichtsinniger Weise durch Vererbung vermehrt werde, obwohl das Mittel, dies zu verhindern, für Jedermann bereit liegt!

Auch die Syphilis gehört zu denjenigen unheilvollen Krankheiten, bei welchem sich das Leiden der Eltern mit unfehlbarer Sicherheit auf die Kinder vererbt. So lange bis die Syphilis daher nicht vollständig beseitigt ist, müsste es von Staatswegen durchaus verboten sein, Kinder zu erzeugen. Leider wird in dieser Beziehung sehr gesündigt. Zwar lässt die Mehrzahl Derjenigen, welche sich diese Krankheit zugezogen haben, sich ärztlich behandeln. Allein gar viele verlieren die Geduld in Folge der überaus langen Dauer der Kur. Denn man kann als feststehend annehmen, dass Syphilis nicht unter drei bis vier Jahren zu heilen ist. Begiebt man sich daher nur auf einen oder einige Monate in ärztliche Behandlung und glaubt dann von Syphilis geheilt zu sein, so befindet man sich in einem gewaltigen Irrthum. Und dieser Irrthum ist es, der seine verhängnissvollen Folgen an den Kindern illustrirt.

Zum Glück bleiben nur wenige dieser syphilitischen Kinder am Leben: fast alle sterben sie nach kürzerer oder längerer Frist dahin. Aber die Gefahr dieser syphilitischen Kinder liegt zum grossen Theil darin, dass sie im Stande sind, die Syphilis weiter zu verbreiten, z. B. auf ihre Ammen, auf andere Kinder in Findelhäusern, eventuell auch auf die eigene Mutter, falls dieselbe von der Syphilis des Vaters verschont geblieben sein sollte.

Ich möchte hier eine Krankheit anschliessen, welche in der Regel für nicht so gefährlich gehalten wird und welche doch schon manches Herzeleid in die Familien gebracht hat. Es ist dies der Tripper. Es giebt nur wenige Männer, welche von dieser weitverbreiteten Krankheit der Harnröhre verschont bleiben. Die meisten ziehen sich diese Erkrankung durch den Beischlaf mit Frauen zu, welche mit ansteckendem weissem Fluss behaftet sind. Allerdings ist auch hier die Mehrzahl der Tripperkranken so vernünftig, sich vom Arzt behandeln zu lassen; allein zuweilen gelingt die Heilung nicht sogleich, der Kranke verliert die Geduld und giebt die Kur auf; in anderen Fällen wird aus Nachlässigkeit das Aufsuchen des Arztes versäumt; kurzum, es giebt genug ungeheilte Tripperkranke. Abgesehen von den Folgen, die diese Vernachlässigung für den Mann hat, die sich in Harnröhrenverengerung, Hodenentzündung, Blasenkatarrh und selbst Nierenkrankheiten äussern kann, treten in Folge des Beischlafes eines tripperkranken Mannes auch bei der Frau böse Folgen ein. Ein Organ nach dem anderen, die Scheide, die Gebärmutter, die Muttertrompeten und die Eierstöcke werden von der schleichend verlaufenden Erkrankung

ergriffen. ohne dass in den meisten Fällen die Eheleute eine
Ahnung davon haben, woher diese Krankheit rühren mag.
Ziemlich häufig kommt es vor, dass dieses Leiden bei der Frau
viel heftiger auftritt als beim Mann, der sich vielleicht ganz gesund glaubt.

Neben den Erkrankungen in Folge des Wochenbettes ist der
Tripper des Mannes die häufigste Ursache für die Unterleibskrankheiten der Frau.

Aber auch diese Krankheit lässt sich bei Anwendung des
Mittels zur Verhütung der Empfängniss vermeiden, da auf diese
Weise eine Uebertragung des Ansteckungsstoffes auf die Gebärmutter unwahrscheinlich ist. Das Mittel kann hier um so unbe-
denklicher zur Anwendung kommen, als Frauen, die an chronischer
Entzündung der Unterleibsorgane in Folge von Tripperansteckung
leiden. in der Regel unfruchtbar sind. In diesem Falle kann also
das Mittel die segensreiche Wirkung haben, Kindersegen zu er-
zielen, wenn nämlich der Beischlaf so lange unter Anwendung
des Mittels ausgeübt wird, bis der Mann von seinem Tripper
völlig geheilt ist. Dann wird nach Weglassung des Mittels der
Kindersegen bei der gesund gebliebenen Frau nicht ausbleiben.

Bei andern Krankheiten wie z. B. Herz- und Leber-
krankheiten wird der Arzt von Fall zu Fall entscheiden müssen.
ob der Frau eine Schwangerschaft zuträglich ist oder nicht. Jedenfalls wird eine vorherige Anfrage beim Arzt niemals schaden,
während die Unterlassung der Fragestellung oft unwiederbringliche
Nachtheile für Frau und Kind im Gefolge haben kann.

Aber das Verbot der Empfängniss kann auch aus anderen
Gesichtspunkten als aus dem der Krankheit erfolgen. Wenn eine
Frau zu viele und zu rasch aufeinander folgende Schwanger-
schaften durchgemacht hat, so wird man von einer ferneren
Schwangerschaft im Interesse der Frau und Kinder abrathen.
Denn die Mutter geräth durch jede weitere Schwangerschaft in
Lebensgefahr; die kleinen Kinder würden vielleicht einen weiteren
Zuwachs erhalten, aber die ihnen so unentbehrliche Mutter verlieren.
Für die Kinder aber empfiehlt sich die Verhütung einer neuen
Empfängniss von Seiten der Mutter, damit diese ihre ganze Kraft
und Zeit ihren schwachen Kindern und der Pflege und Ernährung
derselben widmen kann.

Endlich wird auch in den Fällen die Anwendung des Mittels
zur Verhütung der Empfängniss angebracht sein, wo das Einkommen

·der Familie absolut nicht mehr genügt, um ein ferneres Kind zu erhalten. Vom Standpunkt der Moral ist durchaus nichts gegen ·die Anwendung des Mittels auch in diesem Falle einzuwenden. Denn es würde ja die ganze Familie unglücklich und elend werden, wie es leider heute noch so oft geschieht. Allerdings ist hier leicht ein Missbrauch des segensreichen Mittel zu befürchten, so dass dasselbe auch in ganz unpassenden Fällen angewendet werden kann. Allein darf man deshalb ein Mittel und seine Anwendung verdammen, weil dasselbe auch gemissbraucht werden kann?

VII

Welche Mittel giebt es zur Verhütung der Empfängniss?

—

Der Arzt stellt sehr oft die Forderung an die Eheleute. es nicht zu einer neuen Schwangerschaft kommen zu lassen: wie die Eheleute aber dieser Forderung nachkommen sollen, das pflegt er in der Regel nicht zu erörtern. Daher kommt es auch. dass kein Verbot des Arztes so wenig beachtet wird als dieses.

Es sind allerdings eine Anzahl von Mitteln zur Verhütung der Empfängniss im Gebrauche. allein sie haben, wie wir sehen werden, vielfach Nachtheile.

Das älteste dieser Mittel, das schon in der Bibel*) beschrieben ist, besteht darin. dass das männliche Glied vor Eintritt des Samenergusses vollständig aus der Scheide des Weibes zurückgezogen wird. Allerdings kann auf diese Weise eine Befruchtung durchaus verhindert werden; allein oft genug wird in Folge der grossen seelischen Erregung der richtige Moment des Zurückziehens verpasst und der Same gelangt dennoch in die Scheide.

Aber abgesehen davon übt dieser unvollständige Beischlaf so nachtheilige Wirkungen sowohl auf den Mann als auch auf die Frau aus, dass man von gesundheitlichem Standpunkte aus diese Art. die Befruchtung zu verhindern. durchaus verwerfen muss.

Peyer, der eine kleine Brochüre über den unvollständigen Beischlaf geschrieben hat, führt an. dass derselbe eine ungemein häufige Art des geschlechtlichen Verkehrs darstelle. Trotzdem existiren grosse Unterschiede in dieser Hinsicht. Auf dem Lande

---

*) Genesis 38, 7—10: Und er streute den Samen auf den Boden, dass keine Kinder entstehen sollten. und Gott hat den Onan gestraft, weil er eine abscheuliche That verrichtete.

z. B., wo weit und breit weder öffentliche Mädchen noch öffentliche Häuser zu finden sind, ist der unvollständige Beischlaf beinahe die ausschliessliche Form des geschlechtlichen Verkehrs unter Unverheiratheten, welche keine Kinder riskiren wollen. und wir treffen daher daselbst unter jungen, in den besten Verhältnissen lebenden Landleuten eine Anzahl Nervenkranker, deren Leiden lediglich in dem obengenannten geschlechtlichen Verkehr seinen Grund hat.

„In den grösseren Städten ist dies in der Regel nicht der Fall, weil daselbst genug Gelegenheit für die Befriedigung eines normalen geschlechtlichen Verkehrs geboten wird.‟

„Aber auch im Ehestande spielt der unvollständige Beischlaf eine grosse Rolle sowohl auf dem Lande wie in der Stadt, und in der Regel, oder wenigstens sehr oft, sind es gerade die soliden Ehemänner, welche denselben ausüben, und zwar aus den verschiedensten Gründen. Die hauptsächlichsten derselben sind die Beschränkung der Kinderzahl aus ökonomischen Gründen oder um das Leben und die Gesundheit der Frau zu schonen.‟

Die hauptsächlichsten krankhaften Erscheinungen, welche der unvollständige Beischlaf mit sich bringt. sind nach Peyer vor allen Dingen Müdigkeit und Mattigkeit. welche sich besonders Morgens beim Aufstehen geltend machen.

Ebenso klagt die Mehrzahl der Kranken über eingenommenen dumpfen Kopf, der zuweilen mit starken Kopfschmerzen und Schwindel verbunden ist. Oft ist der Schlaf unruhig oder Schlaflosigkeit vorhanden.

Die Gemüthsstimmung ist bei der grossen Mehrzahl dieser Kranken nicht normal. Bei einigen zeigt sich eine gewisse Hast, Unruhe und Rastlosigkeit; andere sind reizbar und unzufrieden: noch andere leiden unter einer geistigen Niedergedrücktheit, welche in starke Melancholie mit Lebensüberdruss und Selbstmordgedanken übergehen kann. Bei manchen Kranken ist der gänzliche Verlust des vorher starken persönlichen Muthes auffallend: sie sind, wie sie sich selbst ausdrücken. feige geworden.

Sehr häufig findet man beim unvollständigen Beischlaf Klagen über Magen- und Darmbeschwerden, die sich in Appetitlosigkeit, Krampf der Speiseröhre, Stuhlverstopfung, nervöser Diarrhoe äussern; zuweilen stellt sich Abmagerung ein.

Von anderen Beschwerden können Asthma, Herzklopfen, Augenschwäche, Samenverlust, Abnahme des Geschlechtstriebes bis zum Erlöschen desselben. Reizbarkeit der Harnblase eintreten.

Der Samenerguss erfolgt bei unvollständigem Beischlaf viel langsamer und mit weniger Kraft und Energie als beim normalen geschlechtlichen Verkehr: „er schleicht nur so heraus," sagen die Betreffenden. Auch das Gefühl dabei ist in der Regel nicht so stark. Unmittelbar nach dem Akte ist der Mann in der Regel abnorm matt und schlaff, während er nach einem normalen Beischlaf sich wohl und behaglich fühlt. Dabei hat er ein Gefühl von Unbefriedigtsein, von körperlicher und geistiger Missstimmung und Unbehagen.

In vorgeschrittenen Fällen leiden die Patienten unmittelbar nachher noch an Eingenommensein des Kopfes, Wallungen und Schwindel, Druck auf die Augen und Nebel vor denselben.

Aber auch die Frauen haben unter dem unvollständigen Beischlaf zu leiden. So giebt Hasse als unvermeidliche Folgen an: Gebärmutterkatarrh, Schleimbildung, Anschwellung des Muttermundes, allzustarke Menstruation, ferner hysterische Anfälle, Krämpfe, Blasenkrampf, Kopfschmerzen, Magenschmerzen, geschlechtliche Abneigung gegen den früher geliebten Gatten neben krankhafter geschlechtlicher Erregtheit.

Einzelne recht charakteristische Fälle wollen wir aus der reichhaltigen Sammlung hervorheben:

Ein 35 Jahre alter Fabrikant von zierlichem Körperbau. leidenschaftlichem Charakter, Vater von drei Kindern, litt an heftiger nervöser Überreiztheit, welche noch durch Hämorrhoidalbeschwerden mit Stuhlzwang und Urindrang gesteigert wurde. Die Ursache der Erkrankung konnte nicht ermittelt werden, und auch die bisherige Behandlung fruchtete wenig.

Während dessen erkrankte seine ebenfalls zart gebaute, abgemagerte Frau auch an nervösen Beschwerden. Daneben bestand allzureichliche Menstruation und weisser Fluss. Bei der Befragung der Frau über die etwaigen Ursachen wurde Abort auf das Bestimmteste in Abrede gestellt. „dieses wäre unmöglich". Auf die Frage: warum nicht? ward die Antwort: „wir nehmen uns zu sehr in Acht, denn mein Mann kann mich nicht wieder so leiden sehen, und ich möchte nicht durch einen frühen Tod von meinen Kindern hinweggerafft werden; in unserer Familie ist das vorgekommen". Daneben waren auch Nahrungssorgen vorhanden.

Durch die gemachten Äusserungen war die Ursache der

Erkrankung Beider gefunden! Vor allen Dingen wurde neben der sachgemässen Behandlung Beider ein unschädliches Mittel zur Verhütung der Empfängniss verordnet. In nicht langer Zeit war das Resultat fast ein glänzendes zu nennen. Die nervösen Beschwerden waren fast gänzlich bei Beiden geschwunden. —

Eine Arbeiterfrau, die als Jungfrau kräftig und robust gewesen war, bekam beim dritten Kinde Wochenbettfieber, an dem sie lange krank darniederlag. Der Arzt hatte sie vor fernerer Schwangerschaft gewarnt; demzufolge wurde nur der unvollständige Beischlaf ausgeübt. Sie wurde geraume Zeit wegen beginnenden Rückenmarksleidens behandelt, jedoch ergab sich, dass die schädliche Vollziehung des Beischlafes an der Krankheit Schuld war. Es wurde ihr ein Pessar verordnet, und bald darauf besserte sich ihr Zustand derartig, dass sie wieder ihrem Hausstand vorstehen konnte.

Eine 34 Jahre alte Gutsbesitzerfrau, von zarter nervöser Constitution, aus schwindsüchtiger Familie war von Hasse vor 7 Jahren an Kehlkopf- und Lungenkatarrh nach dem zweiten Wochenbett behandelt worden. Der Erfolg der Behandlung war zufriedenstellend. Nach 2 Jahren behandelte er sie wegen Hysterie und weissen Fluss auch mit Erfolg. Schwangerschaft war nicht wieder eingetreten. Vor reichlich einem halben Jahre ging sie wieder zum Arzt. Doch konnte derselbe ein besonders hervorragendes Leiden nicht ausfindig machen. Dann klagte sie, dass ihr Mann tränke, doch waren ihre näheren Angaben darüber zu unbestimmt; indessen konnte man bemerken, dass sie nicht Alles sagte, was sie auf dem Herzen hatte. Es musste also etwas Anderes dahinter stecken.

Nach verschiedenen Kreuz- und Querfragen erzählte sie, dass sie vor einem Jahre wieder geboren habe und sie vorher sehr elend gewesen sei, die Schwangerschaft ihr daher viele trübe Stunden gemacht habe. Ihr Mann besuche das Wirthshaus, aus welchem er sodann nicht immer mit voller Selbstbeherrschung zurückkehre.

Mit einem Schlage war das Räthsel gelöst. Seit dem vorletzten Wochenbett war der unvollständige Beischlaf geübt worden; dem Manne hatte dies nicht gefallen, und er besuchte demgemäss das Wirthshaus häufiger, in erregter Stunde missglückte dann einmal nach 2 - 3 Jahren der unvollständige Beischlaf; die Frau musste wieder schwer darunter leiden.

Den Annäherungen des Mannes Widerstand zu leisten wurde sie immer unfähiger, Angst und Widerwille trieb sie hin und her.

Sie fürchtete, dass ihr Mann seine Selbstbeherrschung in angeregtem Zustande wieder einmal verlieren könne.

Es wurde ihr das Tragen des Pessars verordnet, worauf sich ihr Zustand fast gänzlich besserte.

Hasse behauptet auch, dass da, wo bei zeugungsfähigen Ehegatten, ohne sonst nachweisbare Ursache eingetretener Unfruchtbarkeit, die Geburtsziffer in den letzten Jahren aufgehört hat, zu wachsen, im Grossen und Ganzen gerade dieses Verfahren am meisten geübt wird.

Von andern Schriftstellern wird dem unvollständigen Beischlaf der Vorwurf gemacht, dass er die Frau nur geschlechtlich errege. aber nicht befriedige und so direkt zur Untrene anstifte. Diese Nichtbefriedigung ist auch der gewöhnlich angebene Grund, mit welchem solche Frauen ihre Untreue zu entschuldigen pflegen Der breite Raum, welchen das Ehebruchs-Thema in der modernen französischen Literatur einnimmt, ist die Reflex-Erscheinung thatsächlich in Frankreich vorhandener Zustände, welche als eine natürliche Folge aus der dortigen allgemeinen Verbreitung des unvollständigen Beischlafes sich entwickelt haben. (Ferdy)

Der unvollständige Beischlaf ist demnach unter allen Umständen zu unterlassen, zumal er durch ein einfaches und unschädliches Mittel ersetzt werden kann.

Auf gleicher Höhe mit dem unvollständigen Beischlaf steht die Onanie (richtiger Masturbation genannt). Auch sie dient in manchen Fällen dazu, den Beischlaf zu ersetzen und die Erzeugung von Nachkommenschaft zu verhindern. Über die Gefahren, welche die allzuhäufige Ausübung der Onanie mit sich bringt, ist schon soviel gesprochen und geschrieben worden, dass wir dieselben an dieser Stelle füglich übergehen können.

Wie Kisch mittheilt, wird in Siebenbürgen und in manchen Gegenden Frankreichs ein Mittel zur Verhütung der Empfängniss angewendet, dass in folgender Manipulation besteht. Bei Beginn der Ausstossung des männlichen Samens drückt die Frau durch energischen Fingerdruck das Glied an seiner Wurzel zusammen und verhütet die Entleerung des Samens.

Offenbar müssen sich in Folge der Anwendung dieses Mittels noch schneller die schädlichen Folgen bemerkbar machen als beim unvollständigen Beischlaf.

Ein Mittel, das die Empfängniss verhindert und dessen Anwendung selbst von den strengsten Sittenrichtern erlaubt wird, ist die Enthaltung vom Beischlaf. Allerdings begreift hierbei ein unbefangener Beurtheiler nicht, warum die Anwendung dieses Mittels zur Verhütung der Empfängniss erlaubt sein soll, die Anwendung anderer Mittel jedoch nicht. So unwahrscheinlich es für den denkenden Menschen klingt, — man muss annehmen, dass von den betreffenden Leuten ein Unterschied gemacht wird, ob zur Verhütung der Empfängniss Vorkehrungen getroffen werden oder ob die Verhütung nur durch Unterlassung einer Handlung geschieht. Als ob nicht im gegebenen Falle die Unterlassung einer Handlung ebenso strafbar ist, als die Begehung derselben! Entweder ist Beides unerlaubt oder Beides erlaubt, ein Drittes giebt es nicht.

Ausserdem ist die vollständige Enthaltung vom Beischlaf naturwidrig und schädlich. Infolgedessen ist empfohlen worden, den Beischlaf zu einer Zeit auszuüben, in der erfahrungsgemäss sehr selten die Befruchtung eintritt. Dieser Zeitpunkt liegt in der dritten Woche nach dem Beginn der Menstruation. Die grösste Wahrscheinlichkeit für eine Empfängniss ist dann vorhanden, wenn der Beischlaf in den ersten Tagen nach dem Aufhören der Menstruation stattfindet. Danach nimmt die Befruchtungswahrscheinlichkeit ab und endlich tritt der Zeitpunkt ein, wo das Eintreten der Befruchtung unwahrscheinlich ist. In den letzten Tagen vor Beginn der folgenden Menstruation wird die Wahrscheinlichkeit der Befruchtung wieder grösser.

Natürlich ist die Befruchtung auch in der dritten Woche nach dem Beginn der Menstruation möglich, so dass die Sicherheit dieses Mittels zur Verhütung der Empfängniss sehr gering ist. Allerdings wird man dasselbe mit Vortheil mit besseren Mitteln verbinden können.

Für sich allein wird dieses Mittel niemals praktische Bedeutung erlangen können, denn es widerstrebt der menschlichen Natur, die Geschlechtslust während dreier Wochen aufzusparen, um sie dann in der vierten Woche befriedigen zu können. Und es ist leicht einzusehen, dass die Abwechslung von dreiwöchentlicher Enthaltsamkeit und einwöchentlicher Beischlafserlaubniss, die natürlich dann gemissbraucht wird, nur Schaden anrichten kann.

Dass die Enthaltsamkeit naturwidrig ist, bestätigt Milton in seinem „Verlorenen Paradies":

„Enthaltsamkeit gebietet mir der Satan,
Feind Gottes und der Menschen. Heil Dir, o Liebe,

Ehliche Liebe, treu, geheimnissvoll,
Du reiner Born der Wonne, des Entzückens,
Beständ'ge Quelle häuslich süsser Lust."
Es giebt ferner eine Anzahl von Volksmitteln, die vor
Empfängniss schützen sollen. Sie sind jedoch allesammt unsicher
in ihrer Wirkung, unbequem und schädlich in ihrer Anwendung
und sind deshalb auch nicht zu empfehlen.

So sollen sich nach Angabe des Dr. Giovanni Tari in
Neapel arme Frauen in Italien dadurch vor Empfängniss zu
schützen suchen, dass sie sich sofort nach dem Beischlaf aufrecht
im Bette hinsetzen und durch Husten mit Hülfe der Bauchpresse die Ausstossung des Samens bewirken.

Van der Burg erzählt über das Geschlechtsleben in Nieder-
ländisch Indien: „Der schon früh entwickelte Geschlechtstrieb der
Mädchen wird anstandslos befriedigt, wobei man sich der Hülfe
einer „Dockoen," einer der zahlreich vertretenen heilkundigen alten
Frauen, bedient, um nicht zu concipiren. In der That scheinen
es diese Weiber zu verstehen, durch äusserliche Manipulationen,
durch Drücken, Reiben und Kneten durch die Bauchdecken
hindurch, nicht von der Scheide aus, eine Lageveränderung,
Vor- und Rückwärtsknickung der Gebärmutter zu Stande
zu bringen, welche die Empfängniss verhindert und zwar
ohne dass weitere Beschwerden davon die Folge sind, als leichte
Kreuz- und Leistenschmerzen und Urinbeschwerden in den ersten
Tagen nach der Procedur. Will ein derartiges Mädchen später
heirathen und Mutter werden, so wird die Gebärmutter wieder
auf dieselbe Weise in Ordnung gebracht. Die genannten Doekoens
werden auch von europäischen Frauen zu Rathe gezogen, welche
nicht zu viele Kinder haben wollen, doch ist der Erfolg der
Manipulationen nach bereits stattgefundenen Geburten nicht ebenso
sicher wie bei Jungfrauen."

Ein an und für sich nicht schlechtes Mittel zur Verhütung
der Empfängniss sind Ausspülungen der Scheide nach dem
Beischlaf. Man bedient sich hierzu eines mit einem Mutterrohr
versehenen Irrigators. Was die anzuwendende Flüssigkeit anbe-
trifft, so kann man sich des reinen warmen Wassers bedienen
oder auch eines Zusatzes von Carbolsäure (2 %) oder Alaun (1%).
Doch wirkt dieses Mittel einigermassen sicher nur bei kalten,
schwer erregbaren Frauen.

Weit verbreitet, sowohl als Mittel zur Verhütung der Empfängniss wie als Schutzmittel gegen ansteckende Krankheit ist der Condom.

Der Condom ist eine während des Beischlafs über das männliche Glied gezogene zarte Hülse, welche, wie gesagt, sowohl die Verhinderung der Ansteckung als der Befruchtung zum Zweck hat. Der Condom bestand ursprünglich aus den Blinddärmen der Lämmer, welche entsprechend präparirt, hinreichende Weichhei und Geschmeidigkeit besassen. Später wurden zu diesem Behufe Hansenblasen verwendet. In neuerer Zeit wird der Condom auch aus Kantschuk angefertigt, ein Material, welches die Brauchbarkeit desselben wesentlich steigern soll.

Nach Ferdy sind Fischblasencondome mit Membrandicken unter 0,02 mm ein durchaus empfehlenswerthes Mittel zur Verhütung der Empfängniss, welches selbst von Personen, deren Nervensystem zeitweise angegriffen war, ohne Schaden dauernd gebraucht werden kann.

Ein jetzt im Alter von 48 Jahren stehender Mann erlitt im Jahre 1885, nachdem er von einem früheren Anfall kaum vollständig wiederhergestellt war, einen schweren Rückfall von Rückenmarksschwäche, welche nur langsam einer Kaltwasserbehandlung verbunden mit Anwendung von Electricität wich. Als eines der wesentlich ursächlichen Momente war die regelmässieg Ausübung des unvollständigen Beischlafs während dreier Jahre anzuschuldigen. Nach seiner zweiten Wiederherstellung hat der Mann, da weiterer Familienzuwachs unbedingt verhütet werden sollte, seit nunmehr vier und ein halb Jahren sich beim Beischlaf stets guter Fischblasencondome bedient und beide Gatten erfreuen sich dabei einer ungestörten Gesundheit (Ferdy).

Allerdings hat Ferdy auch festgestellt, dass der regelmässige Gebrauch des Condoms nur so lange wirklich unschädlich ist, als die Häufigkeit des Beischlafes sich in mässigen Grenzen bewegt. Jedes Übermass wirkt mit Condom viel nachtheiliger als ohne denselben.

Noch besser als der Fischblasencondom soll der Eichelcondom sein. Derselbe wird aus Gummimembran in der Stärke von 0,03 bis 0,2 mm. hergestellt und wird über die Eichel gezogen, nicht wie der Fischblasencondom über das ganze männliche Glied.

4

VIII.

Das Pessarium occlusivum und seine Anwendung.*)

Dr. Mensinga in Flensburg ist es gelungen, ein Mittel zur Verhütung der Empfängniss zu finden, das allen billigen Anforderungen entspricht.

Bekanntlich kommt nur dann eine Befruchtung zu Stande, wenn der Same des Mannes in die Gebärmutter des Weibes gelangt. Gelingt es aber, den Samen von einem Eindringen in die Gebärmutter abzuhalten, so ist die Empfängniss verhütet.

Schon früher hat man zu diesem Behufe Schwämmchen angewandt, welche von der Frau eingeführt und vor die Öffnung der Gebärmutter (Muttermund) gebracht wurden. Ein englischer Arzt schreibt nun darüber: Dies könnte leicht durch die Frau gethan werden und würde, wie mir scheint, den Geschlechtsgenuss so gut wie gar nicht hindern, noch auch einen schädlichen Einfluss auf Mann oder Frau ausüben. (Jedes derartige Mittel zur Verhütung der Empfängniss, das befriedigend wirken soll, muss von der Frau angewandt werden, da es die Leidenschaft des Geschlechtsverkehrs hemmt, wenn der Mann daran zu denken hat). Ich weiss nicht, inwieweit dieses Mittel versucht worden ist und mit welchem Erfolg; aber ich hoffe und glaube, dass entweder dieses oder ein einfaches ähnliches Mittel sich in befriedigender Weise wird anwenden lassen für den grossen Zweck, die praktische Lösung des grössten aller menschlichen Probleme, einen geschlechtlichen Verkehr mit Verhütung der Empfängniss,

*) Das Pessarium occlusivum ist in allen Gummiwaarenhandlungen vorräthig; auch erbietet sich die Verlagshandlung (Hermann Schmidt's Verlag. Berlin SW., Plan-Ufer 26.) gegen Einsendung von 2.50 Mark die portofreie Lieferung durch eine Berliner Handlung zu veranlassen.

dessen Vollziehung zugleich leicht und unschädlich ist. Ein solches einfaches, ähnliches Mittel ist das Pessarium occlusivum Mensinga's.

Unter Pessarium versteht man einen Mutterkranz oder Mutterring, wie man sie in der Regel gebraucht, um eine falsche Lagerung der Gebärmutter oder einen Vorfall derselben zu verbessern. Ein solches Pessar besteht aus einem Ringe von Gummi oder einem anderen Stoff. Das Pessarum occlusivum Mensinga's besteht ebenfalls aus einem Ringe; jedoch ist derselbe nicht offen, sondern überdeckt von einem Gummihäutchen. Der Ring besteht aus federndem Stahl. Damit die Frau die Handhabung des Pessars kennen lerne, ist es nöthig, auf den Bau der weiblichen Geschlechtstheile kurz einzugehen.

Wenn man die grossen Schamlippen auseinanderbreitet, welche den Eingang zu den inneren Geschlechtstheilen verdecken, so erblickt man bei genauem Zusehen zwei Öffnungen. Eine ziemlich grosse, leicht zu entdeckende, welche den Scheideneingang darstellt und eine schwerer zu erkennende kleinere Öffnung, welche dicht über dem Scheideneingang gelegen ist und die Mündung der Harnröhre darstellt. Es ist sehr wichtig, sich dieses Verhältniss der beiden Öffnungen zu einander zu merken, da selbst viele Frauen keine Ahnung davon haben, dass sie eine besondere Öffnung für die Urinentleerung besitzen, und andererseits es schon vorgekommen ist, dass ein unerfahrener Mann die weibliche Harnröhrenmündung sich zur Begattung statt der Scheide aussuchte.

Aber die Scheide ist auch jetzt noch nicht in ihrem vollen Umfange sichtbar, nachdem wir die grossen Schamlippen auseinander gebreitet haben; sie wird noch bedeckt von den kleinen Schamlippen, und erst nachdem wir auch diese mittelst zweier Finger auseinandergezogen haben, überblicken wir völlig den Scheideneingang.

Die Scheide oder Mutterscheide ist nun ein sehr dehnbarer Gang, welcher zur Gebärmutter nach aufwärts führt. Dicht über der Scheide, durch eine Wand von ihr getrennt, verläuft die Harnröhre. Hinter der Scheide liegt der Mastdarm.

Die Länge der Scheide ist sehr verschieden; ungefähr kann man die mittlere Länge auf 9 Centimeter bemessen. Die Gebärmutter ragt mit ihrem unteren Theil in die Scheide hinein, sodass letztere sowohl vorne als hinten mit einer blinden Ausbuchtung

4*

nach oben zu endigt. Die hintere Ausbuchtnng der Scheide geht höher hinauf als die voidcre.

Zwischen beiden Ausbuchtungen liegt nun der Anfangstheil der Gebärmutter; man könnte ihn etwa mit einem grossen und dicken Knopf vergleichen, der in der Mitte durchbohrt ist. Diese Öffnung ist der Muttermund, der direkt in die Höhlung der Gebärmutter hineinführt.

Das Pessarium occlusivum Mensinga's hat nun den Zweck, diese Öffnung der Gebärmutter zu verdecken, damit der männliche Samen nicht in die Gebärmutter hineingelange. Es kommt also darauf an, das Pessar so in die Scheide einzuführen, dass es auch wirklich vor den Muttermund zu liegen kommt. Denn es ist natürlich auch möglich, dasselbe so einzuführen, dass der Muttermund nicht von ihm verdeckt wird.

Die Manipulation der Einführung ist nicht so schwer, als es den Anschein hat; geschickte Frauen lernen es bald; wer jedoch nicht geschickt ist, überlasse die Einführung am besten dem Arzte oder der Hebeamme, da das Pessar sonst seinen Zweck nicht erfüllt.

Die Einführung des Pessars geschieht auf folgende Weise: Die Frau setzt sich auf die Kante eines Stuhles und führt das Pessar, indem sie es mit beiden Händen länglich zusammendrückt in die Scheide ein. Die Wölbung des Pessars muss dabei nach oben gerichtet sein. Damit nun dasselbe keine falsche Lage bekomme, muss die Frau darauf achten, dasselbe so viel als möglich nach hinten und oben zu führen, nicht etwa nach vorn und oben. Ist das Pessar nun vorsichtig so hoch hinauf als möglich gebracht, was die Frau leicht an dem sich ihr bietenden Widerstand bemerkt, so lässt sie dasselbe langsam los, und das Pessar breitet sich vermöge der Elasticität des stählernen Ringes aus. Es liegt nun so, dass das Gummihäutchen direkt den Muttermund verschliesst.

Natürlich muss das Einlegen erst erlernt werden. Frauen mit sehr kurzen Armen, Hängebauch, Steifheit des Rückens werden dies jedoch nicht ausführen können. Mensinga hat zwar einen Apparat für diese Frauen construirt; jedoch ist derselbe in der Praxis noch nicht genügend erprobt und auch etwas umständlich. Solche Frauen bedienen sich am besten fremder Hülfe.

Ein gutes Kennzeichen, dass das Pessar richtig liegt, besteht darin, dass der Gatte seine Anwesenheit nicht bemerkt. Reibt sich das männliche Glied an dem Rande des Pessars, so ist dessen Lage schlecht. Allerdings liegt es auch oft am Bau der weiblichen Geschlechtstheile. dass eine Berührung des Pessars, auch wenn dasselbe richtig liegt, durch das männliche Glied unvermeidlich ist. Nach Mensinga ist die Wirkung des Pessars eine vollkommen zuverlässige. Er giebt an, dass diejenigen Frauen, welche genau seinen Anordnungen folgen, niemals einen Misserfolg zu verzeichnen haben. Diejenigen Frauen, welche trotzdem empfangen haben, müssen zugestehen, dass sie entweder einmal ohne Pessar den Beischlaf vollzogen oder dass die Lage desselben eine falsche war. Das Pessar darf durchaus nicht drücken, die Frau darf gar nicht empfinden, dass sie dasselbe mit sich trage. Damit dasselbe gut passe, d. h. weder zu gross noch zu klein sei, ist es nöthig, dass der Arzt genau feststelle, welche Grösse dasselbe haben muss. Die Pessare werden in Grössen von 5—8 cm. Durchmesser gefertigt, immer um je $1/4$ cm. steigend. Am häufigsten gebraucht werden die mittleren Grössen von $6^1/_4$, $6^1/_2$, $6^3/_4$ cm.

Zur Einführung des Pessars muss sowohl die Scheide als auch das Pessar selbst gehörig und reichlich mit dem Schaum einer milden Seife eingehüllt werden. Niemals darf man das Pessar mit Öl oder Fett in Berührung bringen, da letzteres den Gummi alsbald auflöst, brüchig macht und zerstört. Am zweckmässigsten ist nach Mensinga eine feine harte neutrale Toiletten-seife. Durch Befeuchten der eigenen Augenbindehaut mit Seifenschaum bekommt man ein Urtheil über grössere oder geringere Schärfe der fraglichen Seife. Eigens für diesen Zweck angefertigte Schaumseife ist in den Geschäften erhältlich, aus denen man die Pessare bezieht.

Das zu den Pessaren verwandte Material ist das möglichst beste und reinste, sodass bei richtigem Gebrauch ein Zerreissen derselben ausgeschlossen erscheint. Allerdings kann eine Beschä-digung durch unvorsichtiges Herausnehmen des Pessars wohl ein-treten*).

Wählt man ein zu grosses Pessar, so entstehen leicht Schmerzen.

*) Leider existiren im Handel viele schlechte Nachahmungen der Pessare, welche zwar billiger im Preise sind, aber dafür auch weder mit Rücksicht auf die Güte des Materials, noch mit Rücksicht auf die Anforderungen des Sachkenners concurriren können. Gute Pessare erhält man bei Instrumentenmacher A. Friedrichsen in Flensburg und Gebr. Sachs. Gummiwarenfabrik Berlin; das Stück kostet $2^1/_2$ Mk. bei Franco-Zusendung.

Schleimhautreizung und Geschwüre. Ist dasselbe zu klein, so wird
es in der Scheide hin und her geschoben, aus der richtigen Lage
verdrängt und verfehlt seinen Zweck.

Das Pessar wird sehr verschieden ertragen. Im Allgemeinen
kann dasselbe beliebig lange Zeit, sogar ruhig bis zum Eintritt der
Menstrnation liegen bleiben. Zuweilen entsteht anfangs etwas
Ausfluss aus der Scheide, der jedoch bald wieder verschwindet.
Die Herausnahme aus der Scheide und Reinigung des Pessars muss
um so öfter geschehen, je seltener der Beischlaf vollzogen wird,
weil in letzterem Falle sich in dem Gummihäutchen die Schleim-
absonderung der Gebärmutter ansammelt. Einige Frauen aus der
Praxis Mensinga's lassen das Pessar während der ganzen Zeit
zwischen den Menstruationen unbehelligt liegen, andere nehmen es
wöchentlich heraus, auch zweimal wöchentlich, eine sogar täglich,
viele aber lassen es ruhig liegen unter Gebrauch des Irrigators.

Immerhin ist es aber rathsam und als Regel anzusehen, das
Pessar zweimal wöchentlich zu reinigen. Wird das Pessar von
Menstrualblut berührt, so verbreitet es bei der Herausnahme meistens
einen durchdringenden Geruch, welcher sich indessen durch mehr-
maliges Abwaschen mit Seife und lauem Wasser, eventuell durch
Liegenlassen in 3prozentigem Karbolwasser entfernen lässt. Das
Sichtbarwerden des Menstrualblutes kann zuweilen, auch wenn dasselbe
bereits längst aus der Gebärmutter hervorgetreten ist, um einen
sogar zwei Tage hintangehalten werden, da selbiges sich zunächst
in der sich einstülpenden Gummihaut ansammelt, bevor es durch
den Druck der Bauchpresse zum Vorschein gebracht wird.

Das Herausnehmen des Pessars besorgt die Frau selbst, indem sie zwischen zwei Stühlen oder auf einer Stuhlkante sitzend
(nach Entfernung eines etwaigen steifen Korsetts) mit dem ein-
geseiften Zeigefinger den Ring zu erreichen, zu umfassen sucht,
was nach einiger Übung leicht gelingt, zumal wenn der Arzt gleich
nach der ersten Einlage, mit dem eigenen Finger führend, den
Finger der Frau dahin leitet.

Die Herausnahme des Pessars muss sehr langsam und bedächtig
geschehen, da sonst gar leicht der in dem Gummiring befindliche
stählerne Federring zerbricht, und auf diese Weise das Pessar
unbrauchbar wird.

Ein gut gehaltenes Pessar kann nach Mensingas Erfahrung
1½ bis 2 Jahre, sogar 3 Jahre aushalten und von der Haltbarkeit

kann man sich allmonatlich durch Eingiessen von Wasser in die Halbkugel überzeugen.

Wir kommen nunmehr zu der Frage: Wirkt das Pessar nicht schädlich?

Mensinga giebt an, dass er eine körperlich nachtheilige Einwirkung bisher noch nicht habe feststellen können. Auch Ferdy räumt dem Pessar den Vorzug vor dem Condome ein. Ebenso wenig beeinträchtigt die Anwendung des Pessars die Geschlechtslust. Mensinga constatirt. dass bisher noch keine Frau Klage darüber erhoben habe. Er hat, wo nur irgend möglich. Erkundigungen darüber eingezogen und gefunden. dass die Resultate ausserordentlich verschieden sind je nach dem Temperament und der Konstitution der Betreffenden. Die meisten, besonders Mütter. welche eine grössere Zahl von Geburten überstanden, empfinden nichts von einer gefühlshemmenden Wirkung des Pessors. es scheint demnach. das eine solche Gebärmutter durch die Geburten mehr oder weniger abgestumpft worden ist.

Auch auf die Frage. ob nicht Missbrauch mit den Pessar getrieben werden könne, hat Mensinga Antwort gegeben. Unbescholtene Jungfrauen können das Pessor garnicht verwenden, unbescholtene. in Noth befindliche Ehefrauen werden stets ihren Hausarzt zu Rathe ziehen. für bescholtene Personen aber ist Niemand verantwortlich. da deren moralische oder nicht moralische Anschauung in keiner Weise beeinflusst werden kann.

Bisher hat nur Mensinga seine Erfahrungen mit dem Pessar veröffentlicht und es ist für diejenigen. die der Anwendung desselben ebenfalls zu benöthigen glauben, zweckdienlich zu erfahren, in welchen Fällen Mensinga das Pessar verordnet hat.

Eine 34jährige Arbeiterfrau erkrankte nach dem ersten Wochenbett an schwerer Bauchfellentzündung. Dieselbe heilte nicht vollständig aus. und in der Folge kam es zu ca. 20 Aborten, zuletzt 5 in einem Jahre. Enthaltung vom Beischlaf verweigerte sie aber auf das Entschiedenste: sie wollte sich lieber opfern und sterben. als wiederum ihren Gatten zurückweisen.

Es wurde ihr nun das Pessar verordnet, damit sie nicht wieder durch neue Aborte in Lebensgefahr käme.. Nach einem Jahr hatte sie sich ausserordentlich erholt. sie liess das Pessar weg und sofort trat Schwangerschaft ein, die nunmehr einen glücklichen Ausgang nahm. —

Eine arme. abgemagerte. abgehärmte. lebensmüde Arbeitertrau, welche, früher ordentlich und fleissig, jetzt niedergeschlagen und unordentlich, ihren Haushalt und ihre 7 noch ganz unerzogenen Kinder fast verkommen liess, ist jetzt durch Anwendung des Pessars neu belebt, von frischem Muthe beseelt, was auf sie selbst und ihre ganze Umgebung, besonders die Kinder, den wohlthätigsten Einfluss bereits ausgeübt hat. Der der beginnenden Zerrüttung anheimfallende Gatte wurde noch rechtzeitig vor dem Laster der Trunksucht bewahrt. —

Eine 39 Jahre alte, sehr blutarme Handwerkerfrau (letzte Entbindung vor vier Jahren, acht Kinder, schwerer Hausstand, viele Kinderkrankheiten,) erlitt einen Abort mit derartig starker Blutung, dass ihr Leben Tage lang in Gefahr schwebte. Wieder zu sich gekommen. war ihre erste Äusserung: „sie wolle ihrer Kinder wegen Gott bitten, dass sie nicht wieder schwanger werde, sonst müsse sie sterben," worauf ihr zur Erwiderung ward, dass ihre Bitte durch Anwendung des Pessars erfüllt werden könne.

Die Dankbarkeitsäusserungen der einfachen Eheleute zu schildern, ist die Feder kaum im Stande. Die körperliche und geistige Ruhe, die Aufhebung der stetigen aufreibenden Angst der letzten Jahre, das Sicherheitsgefühl, welches sie seither beseelt, hat die Frau nun wieder aufleben lassen. — „Meine Frau," sagte der Ehemann, „welche in stiller Duldung auf alle Lebensfreuden bereits verzichtet hatte, kaum mehr leben mochte, ist wieder jung geworden und die ganze Hauswirthschaft führt sie wieder zu unserer Aller Heil mit zurückgekehrter jugendlicher Kraft. Nun hoffe ich, dass sie mit mir alt werden wird."

Die Frau eines Beamten mit sehr kleinem, nicht aufbesserungsfähigem Gehalt hatte in den ersten 4 Jahren ihrer Ehe 3 Kinder geboren, welche sie jedesmal beim ersten Beischlaf empfangen hatte. Dadurch erschreckt und noch besonders gewarnt von einer älteren, schwer geprüften Freundin, welche in ähnlichen Verhältnissen, durch grössere Kinderzahl und einem aus Noth weniger gewissenhaften Gatten in tiefstes Leid gerathen war, hatte sie jede fernere Schwangerschaft unter Androhung von Selbstmord verweigert, da ihr Gatte, ohne unehrlich zu werden (wozu allerdings sein Beruf ihm Gelegenheit genug bot) bei seinem kleinen Gehalt nicht im Stande gewesen wäre, für mehr Seelen zu sorgen. Sie begnügten sich gegenseitig mit unvollständigem Beischlaf und Masturbation. Die Folgen blieben nicht aus. Die Frau wurde unterleibskrank und musste sich einer langen Behandlung unterziehen.

Als sie genesen war, wurde ihr ein Pessar verordnet. Dadurch
wurden auch die geistigen Folterqualen gehoben, so dass die Falten
des gramdurchfurchten Antlitzes der intelligent aussehenden und
schönen Frau schwanden. — Ein 35jähriger Buchbindergeselle von zarter Konstitution hatte
als ordentlicher und braver Mensch mit seiner Ehefrau bei einem
Meister zwar sein gutes Auskommen, da aber die Familie rasch
grösser wurde (5 Kinder), sah er sich, wie er glaubte, gezwungen,
selbständig zu werden, um mehr verdienen zu können, er miethete
sich aus Mangel an Mitteln in ein feuchtes lichtloses Lokal ein,
wodurch Krankheiten Thür und Thor geöffnet wurden. Er erkrankte an Gelenkrheumatismus, welcher seine Ueberführung in ein
Hospital nothwendig machte. Seine Kinder erkrankten an Masern:
eins starb. Seine Frau bekam Beingeschwüre, welche sie arbeits-
unfähig machte.

Zwar suchte und fand er später eine bessere Wohnung, ein
Herzfehler blieb jedoch von dem Gelenkrheumatismus zurück, so dass
seine Arbeitskraft sich auf immer verminderte. Die Frau magerte
bedeutend ab, die während des Wochenbettes geheilten Beingeschwüre brachen nach Verlauf einiger Zeit wieder auf, die Kinder
waren sämmtlich mehr oder minder scrophulös geworden. Es ist
klar, dass weitere Schwangerschaft in dieser Familie nur ver-
hängnissvoll hätte werden können. Die Verordnung des Pessars
wurde deshalb gern entgegengenommen. Die Eheleute fanden
wieder Muth gegen die Lebensnoth anzukämpfen und haben
sich bisher gehalten. Das Befinden der Kinder wie der Eltern
besserte sich zusehends.

IX.

Schlussbetrachtungen.

Fassen wir noch einmal kurz zusammen, um was es sich handelt. Wir besitzen nunmehr ein Mittel, welches die naturgemässe und naturnothwendige Ausübung des Beischlafs gestattet, ohne dass damit irgend welche schädliche Folgen verknüpft sind. Denn, wie im vorigen Abschnitte nachgewiesen worden ist, ist die Anwendung des Pessarium occlusivum durchaus unschädlich; ferner wird durch die Anwendung desselben die Empfängniss verhindert, welche, wie wir in den früheren Abschnitten besprochen haben, unter Umständen für Mutter. Kind. Familie und Staat höchst verderbliche Folgen haben kann. Weshalb sollen wir uns also nicht eines solchen. segensreich wirkenden Mittels vom Standpunkte der Vernunft und der Selbsterhaltung bedienen? Und sogar vom Standpunkte der religiösen Überzeugung sind bei näherer Betrachtung alle Gegeneinwände nichtig und hinfällig.

Wer nun etwas ängstlicher Natur ist, der könnte befürchten, dass bei allgemeiner Anwendung des Pessars eine Entvölkerung des betreffenden Landes drohen könnte. ja vielleicht der ganzen Erde. Einer solchen Befürchtung braucht sich nun aber Niemand hinzugeben, wie folgende kleine Betrachtung zeigt.

Die Anwendung des Pessars geschieht zu zwei Hauptzwecken: 1.) bei Krankheiten der Frau und 2.) um socialer Noth zu steuern. Der erste Fall kann bei der Furcht vor Entvölkerung ausser Betracht bleiben, denn so häufig auch kranke Frauen sind, die gesunden sind weit in der Mehrzahl vorhanden, so dass von dieser Seite keinerlei Gefahr droht. Vielmehr ist zu hoffen, dass eine ganze Anzahl von kranken Frauen, unter Anwendung des Pessars gesünder und im Stande sein werden, späterhin gesunde Kinder zu erzeugen. Denn es ist ja selbstverständlich. dass das Pessar nicht für immer benutzt werden muss; sobald es seinen Zweck erfüllt hat, wird es fortgelassen. Aber auch die sociale Noth. in der die Mehrzahl der Menschen lebt, wird zu keiner Entvölkerung führen, sondern nur die drohende Übervölkerung verhindern. Wie es augenblicklich steht, können wir in dem neugeborenen Kinde keinen Nutzen für die Gesammtheit erblicken: die Ernährung desselben kostet Geld, ohne dass Aussicht vorhanden ist. dass der Erwachsene die Kosten zurückzahlen werde. Wird aber die Bevölkerung auf das richtige Maass zurückgeführt, dann begrüssen wir in jedem Neugeborenen ein Capital. dass die zu seiner Erziehung verwendeten Summen reichlich ersetzen wird.

Man kann den Menschen mit einem Erzeugniss der Industrie vergleichen. Ist zu viel von dem betreffenden Erzeugniss auf dem Weltmarkt, so sinkt sein Preis. und die Fabriken werden sich hüten. durch weitere Anfertigung des Artikels den Preis noch mehr herabzudrücken. Nach einiger Zeit wird die Überproduction einer normalen Production Platz gemacht haben. und es wäre ja thöricht von den Fabriken, wenn sie jetzt nicht wieder zur Neuanfertigung des Artikels schritten.

In ähnlicher Weise werden auch die Menschen zur Erzeugung von Kindern schreiten. sobald eine Übervölkerung nicht mehr zu befürchten ist. Es wird ja dem Volke dann viel leichter werden, die Kinder sorgfältig zu ernähren und aufzuerziehen. wenn die Lebenshaltung der Mehrzahl eine bessere geworden und auch zugleich Gesittung und Bildung Fortschritte machen. Alles zusammen wirkt darauf ein, dass das zukünftige Menschengeschlecht ein kräftigeres und veredelteres sein wird.

Es ist kaum möglich. die Zukunft in diesem Sinne sich auszumalen, die rosiger sein muss. als alle Zukunftsmaler sie uns bisher entworfen haben. Die Unzufriedenheit des Einzelnen sowohl als ganzer Völker mit dem, was Jeder besitzt, die Jagd nach dem Besitzthum des Nächsten — die Signatur unserer Zeit — muss aufhören, sobald die Bevölkerungsziffer sich nach den Gesetzen der Vernunft. die im Grunde mit denen der Natur übereinstimmen, regelt. Alle aus der Unzufriedenheit entspringenden Folgen, zumal die Vergehen und Verbrechen gegen das Eigenthum, sei es des Einzelnen, sei es des ganzen Volkes, müssen aufhören und einem friedlichen Nebeneinanderwohnen Platz machen. Armuth und Noth, Verbrechen und Krieg dürfte man in Zukunft nur noch

vom Hörensagen, wie ein längst verklungenes Märchen kennen Die
Zahl der Krankheiten wird bedeutend abnehmen, und das Geschlecht
der Unehelichen wird gänzlich von der Welt verschwinden.
Wie Ferdy erzählt, ist namentlich in Frankreich und Siebenbürgen die Anwendung des Pessars zur Verhütung der Empfängniss
ziemlich allgemein verbreitet. In England wird von der „Malthusian
League," welche ein eigenes, monatlich erscheinendes Organ und
einen aus Ärzten bestehenden medizinischen Zweigverein besitzt,
eine systematische Agitation zur Verbreitung des in Rede stehenden
Mittels getrieben. Der neumalthusianische Bund in Holland lässt
im Hause des Amsterdamer Arbeitervereins durch eine als Arzt
approbirte Dame Frauen unentgeltlich im Gebrauche des zur
Verhütung der Empfängniss dienenden Mittels unterweisen, und
dabei wird das Mittel selbst zu mässigem Preise zum Verkauf
gestellt.

Auch in Deutschland hat sich seit 1881, dem Jahre, in welchem
Mensinga zuerst sein Pessarium occlusivum anwendete, ein tief-
greifender Umschwung vollzogen. Die Zahl der deutschen Ärzte
welche, angeregt durch das Vorgehen und die Arbeit Mensingas
Ehefrauen den regelmäsigen Gebrauch des Pessars verordnen, zählt
bereits nach vielen Tausenden.

Einer frühzeitigen Heirath steht somit Nichts mehr im Wege,
weder Krankheit noch Armuth. Wenn selbst die Beschränktheit der
Unterhaltsmittel vorläufig noch gar keine Erzeugung von Nachkommenschaft gestattet, so übt doch an sich auch die Ehe, indem
sie für zwei Menschen den eignen Herd schafft und sie vor der
Berührung mit dem Schmutz der Prostitution bewahrt, einen guten,
sittlich erziehenden Einfluss. — Frühes Heirathen ist sittlich wie
physisch das Beste. Es verschafft Keuschheit, erzieht das Gemüth
und erhält die Gesundheit. Die Kinder, die dieser Ehe entspringen
sind, wenn sie nicht so rasch auf einander folgen, kräftiger und
gesunder als die aus Ehen älterer Jahrgänge, und im Durchschnitt
leben die Eltern jener Kinder lange genug, um sie sich flügge
machen zu sehen und ihnen im Beginn ihrer Laufbahn mit Rath
und That bei Seite zu stehen. (Annie Beasant)

Rümelin bemerkte sehr richtig: Man möge doch endlich
aufhören, auf das französische Beispiel einer langsamen Volksvermehrung verächtlich herabzublicken und mit dem hochmüthigen
Pharisäer zu sprechen: ich danke Dir Gott, dass ich nicht bin, wie
dieser da, fast als ob die französischen Ehegatten nicht so gut,

wie die Deutschen, im Stande wären auch 5—6 Kinder zu erzeugen statt 2—3, wenn sie dies nur wollten und als ob sie mit ihrer Sitte schlimmer wären oder schlimmer führen als wir mit der unsrigen! ....
Wir müssen überhaupt lernen, die französischen Vorgänge zu verstehen und richtiger zu würdigen. Vor hundert Jahren waren die französischen Ehen so fruchtbar wie die deutschen; auch bei 25 Millionen Einwohnern wurden damals in Frankreich schon jährlich eine Million Kinder geboren, die jetzt bei 37 Millionen kaum mehr erreicht zu werden pflegt.

Als die Revolution die Domänen, Kirchengüter und Adelsgüter zerschlug und den Grund und Boden des Landes mit unbeschränkter Mobilisirung und gleicher Erbtheilung in die Hände kleiner selbstwirtschaftender Eigenthümer brachte, als man bereits darüber eine mit Nothwendigkeit in den Abgrund der Zwergwirtschaft führende Zersplitterung besorgte, und das warnende Wort erscholl: „Frankreich wird in Staub zerfallen;" da erkannte der französische Bauernstand, dass es für den auskömmlichen und nachhaltigen Besitz einer ländlichen Familie eine Grenze der Gütergrössen gebe, unter welche herabzugehen nicht mehr zulässig sei, und dass das einzige und unerlässliche Mittel hierfür in einer kleinen Kinderzahl bestehe. In Folge dieser Enthaltsamkeit steigt nun das Einkommen des Volkes weit rascher als seine Zahl und der Nationalreichthum ist in stetigem und staunenswerthem Wachsthum begriffen.

Und Legoyt, welcher bis vor Kurzem an der Spitze des statistischen Bureaus in Frankreich stand, sagt in einer Betrachtung über die allgemeine Bevölkerungsbewegung in Europa: Nach diesen Tabellen ist Frankreich dasjenige europäische Land, wo die Bevölkerung am langsamsten zunimmt. Hat Frankreich Ursache, über diese Thatsache sich zu beklagen? Wir glauben nicht, und wir sind der Ansicht, dass alle die unsere Meinung theilen werden, welche bedenken, dass die Staaten, wo die Bevölkerung am schnellsten zunimmt, wie England, Irland, Preussen und Sachsen, gerade diejenigen sind, wo die Armuth die furchtbarsten Fortschritte macht.

In Frankreich nimmt die Bevölkerung viel mehr durch die Verminderung der Todesfälle als durch die Vermehrung der Geburten zu. Statistische Thatsachen beweisen, dass die Zahl der auf eine Ehe kommenden Kinder beträchtlich abgenommen hat.

Man begreift daher leicht. dass der Arbeiter, indem er seine
Familie nicht über eine gewisse Zahl hinaus vermehrt, oder sich
der Ehe enthält. bis entweder die Höhe seines Arbeitslohnes, seine
Ersparnisse oder vielleicht die Vortheile des Ehebundes selbst
(denn der Arbeiter sucht heutzutage ein Heirathsgut mit seiner
Frau) ihn in den Stand setzen. zu heirathen. dass er dadurch die
Summe seines Wohlstandes vermehrt, was für die Verminderung
der Todesfälle eine theilweise Erklärung liefert.

In Frankreich nimmt die Zahl der Geburten in einer Ehe
regelmässig ab. während die Zahl der Heirathen zunimmt. Die
Dauer der Ehen ist in Frankreich grösser als in allen andern
Ländern.

Ein sachkundiger Statistiker berechnet die jährlichen Ersparnisse des französischen Volkes zu vier Milliarden Francs, während
die Bevölkerung um die Zeit von 1872—1876, wo die Zunahme
am grössten war, jährlich nur um 137.000 Personen wuchs gegen
die 3½ fache Zahl in Deutschland. Eine Vermehrung, die wir
in 9 Jahren erreicht haben. erfolgt dort noch nicht im Verlaufe
von 30 Jahren. Die beiden Völker verhalten sich ganz zu einander
wie eine bemittelte Familie mit wenigen Kindern. die jedes Jahr
ihr Vermögen und Einkommen vermehren kann. zu der wenig be-
mittelten mit vielen Kindern. die anfängt sich einschränken zu müssen.
weil das Einkommen hinter der wachsenden Kinderzahl zurück-
geblieben ist.

Man bedenkt es garnicht genug. was Alles daran noch weiter
hängt. wenn das eine Volk auf eine Million Einwohner jährlich
statt 41.000 Geburten nur 26.000. aber auch statt 30.000 Sterbe-
fällen deren nur 22.000 zählt.

In ähnlicher Weise schreibt Stephan Gans zu Putlitz in
einem Briefe: Die Ansichten der Gesellschaft müssen sich von Grund
aus ändern, und eine übermässige Kinderzahl darf nicht wie
bisher als Segen, sondern muss als ein sittlicher Makel
von der Gesammtheit angesehen werden.

Und Mensinga betont mit Recht: Ich habe noch keine Mutter
kennen gelernt, welche aus purer Lust ihrem Gatten das 6. bis 12.
Kind geboren: alle solche haben sich nur unter dem Druck der
zwingenden Noth befindlich betrachtet. Sie haben eben aus Noth
ihre Vernunft der Leidenschaft des Gatten Preis gegeben.

Auch für die Gesammtheit ist es doch wohl besser, wenn
40 Millionen Menschen in Deutschland ein erträgliches Dasein

führen können, als dass 50 Millionen einen entsetzlichen Kampf ums Dasein ausfechten, der keinem zu Gute kommt.

In gleichem Sinne äussert sich der Regierungs-Medizinalrath Bockendahl in Kiel: „Dem Gesundheitswesen ist die Zunahme der Bevölkerung ein Gegenstand von geringerer Bedeutung als deren Wohlbefinden. Kann es das Letztere verbessern und auf eine gut genährte, gesunde, langlebige Bevölkerung hinweisen, so ist sein Ziel erreicht, und es kann, unberührt von dem Streite der Uebervölkerung, getrost der Zukunft entgegensehen, in der Ueberzeugung, dass eine langlebige Bevölkerung an sich eine Ueberzahl an Geburten ausschliesst."

Eine grosse Anzahl von Gelehrten hat die Nothwendigkeit einer Beschränkung der Empfängnisse, sei es vom medizinischen, sei es vom socialen Standpunkt aus für unbedingt zutreffend öffentlich erklärt. Der Rest giebt stillschweigend seine Zustimmung. Gegner vom socialen oder politischen Standpunkt aus hat die Lehre nicht; im Gegentheil, sie wird von allen Seiten gebilligt. Also ist es Pflicht jedes Einzelnen, nicht länger zu zögern und für sein Theil dazu beizutragen, dass nicht durch eine übergrosse Zahl von Geburten Individuen und Staat unberechenbaren Schaden erleiden!

www.ingramcontent.com/pod-product-compliance
Lightning Source LLC
Chambersburg PA
CBHW021537270326
41930CB00008B/1288